狗狗训练从零开始

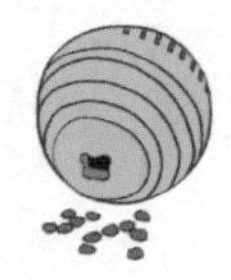

# 训狗技巧一点通

[英]史蒂夫·曼恩 著

张雪妮 译

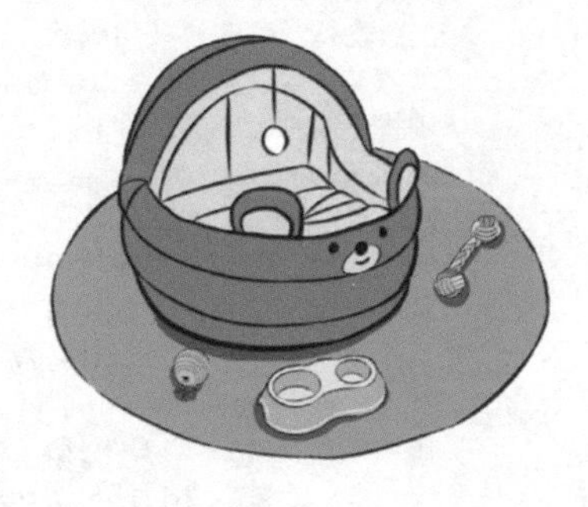

SPM 南方传媒

广东科技出版社
全国优秀出版社

·广州·

广东省版权局著作权合同登记号
图字：19-2022-034

**图书在版编目（CIP）数据**

狗狗训练从零开始. 训狗技巧一点通 / (英) 史蒂夫・曼恩（Steve Mann）著；张雪妮译. —广州：广东科技出版社，2024.1
书名原文: EASY PEASY PUPPY SQUEEZY: Your Simple Step by Step Guide to Raising and Training a Happy Puppy
ISBN 978-7-5359-8113-4

Ⅰ.①狗… Ⅱ.①史… ②张… Ⅲ.①犬—驯养 Ⅳ.①S829.2

中国国家版本馆CIP数据核字（2023）第126344号

**狗狗训练从零开始：训狗技巧一点通**
Gougou Xunlian Cong Ling Kaishi : Xungou Jiqiao Yidiantong

---

出 版 人：严奉强
责任编辑：温 微 曾 超 张天白
装帧设计：友间文化
责任校对：李云柯
责任印制：彭海波
出版发行：广东科技出版社
（广州市环市东路水荫路11号 邮政编码：510075）
销售热线：020-37607413
https: //www.gdstp.com.cn
E-mail：gdkjbw@nfcb.com.cn
经 销：广东新华发行集团股份有限公司
印 刷：广州一龙印刷有限公司
（广州市增城区荔新九路43号1幢自编101房 邮政编码：511340）
规 格：889 mm × 1 194 mm 1/32 印张7 字数200千
版 次：2024年1月第1版
2024年1月第1次印刷
定 价：59.80元

---

**如发现因印装质量问题影响阅读，请与广东科技出版社印制室联系调换（电话：020-37607272）。**

# 关于作者

作为一名专业的训犬师，史蒂夫·曼恩有30年的训犬经验。他曾以动物行为及饲养的高级讲师身份，与10万多只狗狗在各种各样的环境中展开合作，比如在安保和侦测领域、电视和电影行业等。他也曾与养狗的国际体育明星和名人合作过。他曾多次以犬行为专家的身份亮相电视节目，包括在英国广播公司的《超狗秀》节目中担任训练师，并且在比赛中拔得头筹。现代训犬师协会是由全球训犬师和动物行为学家组成的领先机构，史蒂夫是该协会的创始人。

史蒂夫热衷于以道德和科学为基础的训犬工作，曾在欧洲、南美洲、非洲和中东等地授课，引领现代正向的训犬方法。他的训犬方法是基于合理的行为研究，而不是基于训犬的“神话”或者道听途说。

史蒂夫坚定支持并投身于犬类救援工作。他说道：“如果我们能正确对待我们的狗狗，并教育社会如何与狗狗‘正确’相处，那天下无狗需要救援的梦想就有可能成为现实。”

史蒂夫与他的妻子吉娜、儿子卢克和7只狗（是的，7只）住在英格兰东部的赫特福德郡。这7只狗分别是混血吉娃娃南希、斯塔福德郡㹴犬帕布罗、德国牧羊犬阿什、灰狗贝利、惠比特犬斯派德、勒车犬夏茉和玛利诺犬卡洛斯。

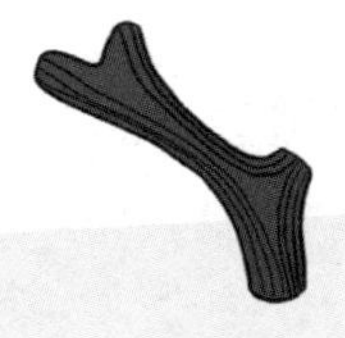

# 引言

## 我的故事

他们曾经叫我“古怪的狗娃”。20世纪70—80年代，我在英格兰东南部的埃塞克斯郡的沃尔瑟姆阿比镇度过了我的童年。那时总有几只狗狗在街上和孩子们一起玩耍，我特别喜欢那些狗狗。那些狗狗可以在外面自由自在地玩耍，不受约束。然而，我们家从来不让我养狗。我妈妈试图用兔子来搪塞我。她说：“养兔子怎么样，史蒂夫？”而我的回答是：“不行，妈妈，兔子又不是狗，不是吗？”在他们看来，虽然养狗对一个正在成长中的孩子来说是个不错的选择，但是由于我父母工作繁忙，家里的确不适合养狗，因此我们家从来没有养过狗。

前往爱尔兰的旅行每次都让人兴奋不已，我现在仍会回味那些暑假里的美好记忆。在那里，我能见到许许多多的狗，身边从来不会缺少狗的陪伴。但一想到回家后我却不能拥有自己的狗狗，我就特别沮丧。不能养狗

反而放大了我对狗的迷恋，让我感觉它们更珍贵了。因此，我常在我家附近的街道上与狗狗玩耍，以获得那种满足感。很快，我就迷上了它们。

有一天，我发现家附近有一个狗狗训练班，于是我就进去，坐在后面观察训犬师和狗主人，但主要是观察狗。慢慢地，我开始带着邻居的狗去上训练班。有时我甚至会带着街道上的狗去参加训练班。如果没有任何狗狗可以带，我还是会去训练班上课，自己坐在后面，人们戏称我为“古怪的狗娃”。

很快我就开始协助训犬师在下课后做清洁工作，并且在上课前帮助他们做好一切准备工作，比如泡茶、摆放跳台、拿出玩具。然后我去了很多训犬学校做了同样的事情。我成为一名训犬迷。

自然而然地，训犬师们开始让我在课堂上帮忙，比如照看一只狗狗，并给予安慰之类的。我得到了一些训犬师的帮助，他们试着告诉我如何训练狗狗。他们的普遍理念是：狗狗要是做了好事，你就给它们一些奖励，比如拍拍它们的头；狗狗要是做了坏事，你就给它们一些惩罚，比如拉绳子，或者对它们大喊大叫，甚至向它们泼水。是的，有些训犬师和主人真的会打狗狗。

对我来说，这些就有点不可接受了。

那时我只有十二三岁，但我对当时的一些训练感到非常不适。那时候的训练方法非常老套：往好里说是严格，往坏里说是苛刻，惩罚随处可见。那时流行的训练方法就是这样，但是我并不认同。那时的训练重点都在帮狗狗进行行为矫正，通过对狗狗进行惩罚，阻止狗狗做一些坏事。我坐在那里，看着这一切，一边在座位上不安地晃动，一边想：为什么我们不把注意力放在我们想做的事情上，而是放在“找碴”上呢？我看得越多，学得越多，就越认为这种训练方法实际上并不太好。

这种训练方法让我彻夜难眠，因为我无法理解它。我下意识地开始观察狗狗的肢体语言（犬类肢体语言在这些课程中从未被提及）以及狗狗如何表达它们的情感，如何处理与狗主人之间的关系。在这些古板的课程背后，我开始看到不那么美好的一面：狗狗的紧张无人在意；狗狗受到惩罚会感到很害怕；每次狗主人拽紧牵引绳作为纪律措施都会让小狗喘不过气来，关键是，狗主人也会因此感到紧张。

现在回想起来，这种做法非常糟糕，但是却被普遍应用。每个人似乎都是这样做的。

但他们错了。我现在十分肯定他们是错的。

早些年的训犬工作跟现在相比差别特别大。我所看到的一切让我感到不安，但想到要把训练狗狗作为一项工作，我又感到非常兴奋。然而，那时候训犬还不算是一份工作。这些训犬班的课程都是由兼职人员在晚上教授的。很多训犬师都是军人出身或曾在军队工作过，他们并不是故意要表现出恶毒或苛刻的样子，只

是他们所处的环境让他们变成了那样。说句公道话，那些开办训犬班的人都是爱狗人士，大多数人都是出于善意来做这些事的。他们其中有些人是志愿者，有些人甚至是自付费用来教授课程，他们都不是以此为生的全职训犬师。

就这样，我开始自己做一些小小的训练，起初只是一对一地训练邻居家的狗狗，大部分是在街道上或花园里训练。邻居们可能在课堂上见过我，了解我对狗狗的热情，所以也很愿意把狗狗交给我训练。当时我并没有坐下来细想我自己的训狗理念以及如何对待狗狗的问题，我只是用一种我觉得正确的方式去训练狗狗。反过来想，狗狗是我的朋友，我怎么会伤害我的朋友呢？随着时间的推移，人们开始向我寻求建议，并请求我帮助他们解决一些狗狗的问题，并询问这些问题是如何产生的。在我十几岁的时候，这些经验就慢慢积攒起来。我没有什么伟大的职业规划，我只是想和狗狗在一起。如果幸运的话，我希望它们也想和我在一起。

小时候，除了没有狗之外，我们家也没有电话，所以在星期五的晚上，我不得不走过几个街区，到电话亭里打电话给我的足球经理询问周末比赛的地点。在路上，我经常会看到当地的一只流浪狗，那是一只体形庞大的杂种狗，叫约克。我总是向约克打招呼，它看上去很友好；然而，在一个特殊的夜晚，我看见约克趴在树篱边上，于是我就上前跟它打招呼……结果它向我扑来，狠狠地咬了我几口，让我受了很重的伤。幸运的是，我努力躲到了电话亭里，真感谢那时候的电话亭有门，可以帮我挡住那只狗。我一直在电话亭里等到它平静下来并离开。我设法回到了家，并被送往了医院，这是一次很糟糕的经历。

后来我发现约克被安乐死了。我很伤心，感觉糟糕透了。

之前我跟约克见了上百次面，每次都玩得很愉快，相处得也不错，我不明白为什么那一次它会向我扑过来。作为一个专业训犬师，我现在知道它所做的行为被称为“资源保护（护食行为）”，即它在树篱里发现了一个被丢弃的三明治，它认为我有抢夺它食物的可能性，它的生存本能告诉它要保护好这个食物。现在看来很有道理，但在当时我伤心极了，这让我更下定决心去学习狗狗为什么会有这样的行为，这样的行为是怎么发生的，以及我如何能够阻止类似约克事件再次发生。

我对狗狗的痴迷程度越来越深，以至于在我做着被我妈妈称为“正式工作”的同时，我会挤出一切空闲时间来训练狗狗。当然，那时我已经很有经验了，所以在21岁的时候，我决定赌一把，做一名训犬师！做训犬师？听我把话说完嘛！记住我就是那个古怪的狗娃！我决定成为一名训犬师，就跟普通人决定成为宇航员、摇滚明星或超级英雄一样，没有什么区别！我开设了一些课程，进展不错；然后我又开设了一些，幸运的是，我的训犬事业得到了蓬勃发展。很快，就有人请求我给救援犬、保安犬、侦查犬和幼犬提供帮助。我开始在当地的继续教育学院讲授动物行

为学。同时还协助处理国内外虐待动物的问题。一直以来我不仅仅是想教狗狗做这个、做那个，也想让狗主人从狗狗的角度理解和训练它们。这促使我研究动物行为学及相关理论，并对狗狗心理学进行了深入研究。

在我写这本书的时候，我的现代训犬师协会已经成为被人们充分认可的学习中心，为训犬师和动物行为学家提供教育和支持。每年有超过4 000人参加我们的课程和研讨会；我们会在世界各地举办关于狗狗行为的讲座；并且有很多经过认证的训练师和动物行为学家来帮助我“打一场漂亮的仗”，以便向公众推广正向的、有道德的、以科学为基础的犬类训练。我可以自豪地说，现代训犬师协会是世界上规模最大和最成功的训犬机构之一。

自从在街道上与当地的狗狗玩耍之后，这么多年来我已经参与了数万只狗狗的训练。一路走来，对于狗狗的训练我逐渐形成了自己的方法。而在这本书中，我将试着把这些方法传授给你。希望我的一些知识在你与新的家庭成员（毫无疑问它们是新的家庭成员）一起踏上旅程时有所帮助。希望这本书能教会你如何训练好狗狗。但最重要的是，我希望它能告诉你在未来的许多年里，你要如何与你的爱犬保持持久、互爱与互利的关系。

目录

你的狗狗不愿意按照你的要求去做无外乎两个原因：

1. 它们不明白你要求它们做什么。

2. 它们没有足够的动力去做。

这两个原因很简单，与基因或品种特征无关。不要愚蠢地被品种特征所迷惑，认为有些品种很“顽固”，没有哪只狗狗是顽固的，那都是我们的自负和傲慢所形成的固有思想。就好像狗狗永远不会这么想：“我知道你想让我做什么，我也知道只要我完成动作就有可能获得奖励……但我偏不！”

好消息是，我们不需要召唤神秘的力量或运用一知半解的高深理论，我所教授的理念都根植于行为科学。我们可以在训练狗狗的过程中享受一段美好的时光，并遵循以实践为基础的学习理论。我们可以在地板上打滚，与狗狗一同玩耍，与此同时收获训练技巧。

记住：训练你的狗狗就是你的责任。

最后一点是关于时间的问题。人们经常问我他们应该训练多长时间，每天或每周训练多少次。有两个答案：如果你和狗狗是一对一地进行特定训练，那么最好是时间短而频率高。这儿几分钟，那儿几分钟，比陷入长时间的消耗战更有用。然而，当它们还在学习的时候也要利用好其他的时间。虽然在这儿花费几分钟，那儿花费几分钟非常有意义，但是当每一个新的训狗日来临之时，我们还是要花一整块的时间去进行训练。

没有人对于金鱼游泳或仓鼠在轮子上奔跑这样的事情感到惊讶或失望。没有人跑到网上去搜索如何阻止他们的兔子啃咬东西或阻止小马驹在马厩里大便。也没有哪个明智的父母觉得有必要因为他们的孩子用嘴探索玩具而大发雷霆！

我们知道狗狗是什么动物，我们知道它们的本性是怎样的。

这不是什么秘密。我们与它们打了几万年的交道。如果你不想要某种东西走起路来像鸭子，看起来像鸭子，发出像鸭子一样的声音，做所有同正常鸭子一样的自然行为，那就不要养鸭子！

同理，狗狗也一样。

狗狗会撒尿。它们兴奋的时候会叫，孤独的时候会哭。它们会通过咬东西来减轻疼痛，又或是会通过咬东西来打发百无聊赖的时光。它们喜欢和新朋友打招呼。所以跟它们打交道，跟它们问好，比世界上其他任何事情都重要！这是一种多么美妙的处世方式啊！

尽管狗狗会长大，但是爱交流、爱嗅、爱舔、爱咬东西的习惯永远不会消失，也不应该消失。毕竟，这是狗狗的本性，所以让我们顺其自然，尊重它们的本性，而不是背道而驰。

我们的职责不是要对狗狗说“不”，而是要引导它们，让它们知道：

- 可以咬什么？
- 如何打招呼？
- 在哪里小便？
- 什么时候该兴奋？

我们的职责是教会它们我们想要让它们做的行为，而不是惩罚那些我们不想让它们做的行为。

惩罚在某种程度上、某段时间内、某种情况下是有效的，但是惩罚也是残忍的。一旦运用惩罚这种手段，那惩罚的效力会随着时间的推移而下降，你跟狗狗的关系也会逐渐恶化。

让我给你举个例子。几年前的一个早上，我在限速60千米/时的路段内超速行驶，被警察的测速枪测出了77千米/时的速度。不出所料，几天后，我收到了一封邮寄的信，让我在两种惩罚方式中选择其一：要么罚款90英镑（当时的1英镑约等于9元人民币），并在我的驾照上扣分；要么参加3小时的超速警示课程。我无奈地选择了后者。

对我来说，比起罚款和扣分，跟另外20个成年人一起待在房间里整整3个小时，还是可以接受的。但是这些人压根不想待在这里，因此他们就像学龄儿童一样在椅子上摇摇晃晃，发出啧啧声。但事实上，作为一种惩罚，它的效果显著。

美国行为主义心理学家伯尔赫斯·弗雷德里克·斯金纳说：“惩罚的特点是，当它作为一种特定行为的后果传递给‘罪魁祸首’时，它使这种特定行为在未来不太可能再次发生。”

没错!

在接下来的一周里，我开车会一直盯着车速表以确保不会超速行驶。

但是，亲爱的读者，我失误了。

惩罚的效果消失了。

在早上8点的时候，在我最初被罚的那个区域，我特别警惕。我养成了留意交警的习惯：如果我看到了交警就降低车速；如果我没有看到，就依然我行我素。

我已经将惩罚与特定的环境、特定的地点，甚至特定的人（交警）联系起来。而离开这一切，我就感觉安全了。最终，惩罚对我的行为没有产生任何影响，只是当我看到交警时，我的内心深处有一种本能的恐惧感。

想象一下，如果狗狗因为在某天早上扑向送奶工而遭受惩罚，那它们可能会从这个事件中学到什么?

1. 潜在的教训：当人类来到门口时就会发生坏事。

   潜在的后果：如果来访者走近，就对他们吠叫。

2. 潜在的教训：当人类靠近时就会发生坏事。

   潜在的后果：对人类要有戒心。

3. 潜在的教训：如果主人在场的时候扑向别人，就会发生坏事。

   潜在的后果：当我离开主人的视线时，我就可以扑向别人。

除此以外，当把恶劣的惩罚作为唯一的教学手段时，你就只能在狗狗犯错误时才能进行惩罚教育。想象一下，如果你在狗狗每次做对时给予奖励，那你有多少次机会对它们进行教育！狗狗的学习方式和我们一样。如果我们以一种特定的方式实施某种行为，并且该行为引发的结果是我们乐于看到且有所希冀的，那我们就更有可能在未来再次做出这种行为。本书所讲的就是用正向强化训练（亦称给予狗狗奖励）来换取我们想让狗狗做的行为。

在本书的写作和调研过程中，我阅读了大量的文章，并观看了许多视频，比如如何惩罚你的幼犬。但是我从来没有看到过通过惩罚老年犬来测试狗主人领导力的视频。

如果你认为对一只老年犬大喊大叫、戳、拍、踢或打是错误的，那么对一只幼犬做同样的事也是错误的。

仍然有很多训犬师和俱乐部的态度是："就这样呗，我们以前一直是这样做的，所以我们以后也会一直这样做。"他们的做法没有任何改变，但科学在不断进步，对狗狗的理解在不断提升，而我的训练方法也在不断改进。这是一个不断完善的过程，也是保持趣味性的秘诀。因此，以那些方式惩罚狗狗是不可接受的。

亚伯拉罕·林肯虽然从未赢得过克鲁夫特大赛（世界上规模最大的犬展），却说过一句至理名言："暴力始于知识的终结。"这句话在训犬领域也同样适用。有些人会说，惩罚没有效果。不，惩罚绝对有效果，但它要付出沉重的代价——你会失去动力，失去信任，也会丧失亲密关系。即使惩罚在某些时候有效果，但这值得吗？如果你最终得到的是一只不信任你的狗狗或一只不愿意接近你的狗狗，那这怎么可能是一件好事呢？

回到超速问题上，猜猜那些聪明的荷兰人是如何处理这个问题的？他们安装了一个超速摄像机，当汽车在限速内行驶经过时，就可以为社区金库增加一部分资金！这多酷啊！司机们的正确行为得到了积极的强化，就这样，不受欢迎的行为逐渐减少，司机们喜欢摄像头的存在，而且没有发生任何冲突。这是一个多么完美和智慧的解决方案啊！反而惩罚本身并不能解决这个问题。（顺便说一下，之前关于我超速的那个笑话，纯粹是为了说明问题。你懂的，我可是个模范司机。双手扶方向盘的位置、安全驾驶规范、后备箱里的红色三角警示牌，诸如此类，我都如数家珍。）

“话虽如此，但是……”，我知道你想问啥……如果狗狗真的做了不受欢迎的行为，那么我就可以惩罚它们了吗？

欲知答案，请继续读下去吧！

## 控制和管理是你最好的朋友！

问：如何阻止你的狗狗追赶骑自行车的人？

答：不要让你的狗狗骑自行车。

常识有时并不像我们想的那样寻常，但是在训练狗狗的过程中越遵循常识，你和你的狗狗就会越快乐，越安全。作为一名训犬师，我在想出如何阻止狗狗从咖啡桌上偷吃无人看管的食物的完美方案之前，经常有人看到我若有所思，一筹莫展。最开始我设计了一个包含杠杆、滑轮和镜子的绝妙系统，但最后我不得不承认最简单、最有效的方法就是离开咖啡桌时别留食物在桌子上。毕竟达·芬奇曾说过“简单就是极致的复杂”。

随着本书的深入，我们将讨论如何防止狗狗做出所有令人讨厌的行为，如啃咬物品和咬人等，以及如何鼓励它们做出我们所希望的行为，包括牵着绳子乖乖走路和快速召回。你将会学到非常厉害的训练技术，比如“互斥行为”和“正向强化”，除此之外，有一个你可以直接付诸实践的最有效方法，那就是“控制和管理”。

以前控制和管理意味着，如果狗狗跑上楼，在你的床上撒尿，那你可以在你的楼梯底部放一个儿童安全门。如果狗狗突袭你家厨房嵌入式的垃圾桶，那你可以在橱柜门上装一把儿童安全锁。如果狗狗啃咬你的鞋带，那你只需将你的鞋子放到狗狗视线之外，不要让它碰到就好。

“啊哈！”质疑者喊道，“这不就是在回避问题吗？”

没错，就是回避问题。

为什么要找碴?

为什么要让狗狗练习这些不受欢迎的行为?

为什么要为狗狗设置失败的情况，仅仅只是为了让你可以做出惩罚吗?

适当控制环境，使这些不受欢迎的行为不再发生，并确保你为狗狗提供大量的、可以接受的发泄渠道。

通常，在两个小时的狗狗家访咨询结束后，我都会仔细研究每一个错综复杂的问题，并梳理出思路，制定出简单易行的训练方法，其中就提出了很多控制与管理的建议，以确保主人美丽的家不被那些挂在窗帘上的、突袭厨房垃圾桶的和在地毯上撒尿的狗狗破坏。

在我家访的经历里，丈夫们总是扫一眼训练计划，然后随意地抬头说："嗯，但这只是些常识，不是吗？"

"是的，"我说，"就是常识。一共350英镑，谢谢！"

然后我向狗狗眨眨眼，与家访的妻子击掌，然后潇洒离去！

# 第二章

# 那么，你要养狗狗了吗？

So, You're Getting a Puppy?

快问快答：如果我来到你家之后，在你的地毯上撒尿，咬你的鼻子，让你因睡眠不足而发疯，并搜刮你的银行账户，你真的不会介意吗？我保证我只会待上十几年的时间。好的，我去拿我的外套啦！

我们都不完美，但是没有计划就是在计划着失败。所以，请投入到这本书中来吧！我们将一起乘坐“训练狗狗”的过山车，开启我们的奇妙旅程。握紧了！

## 新狗狗？天呐！现在怎么办？
## 别担心，你的基本装备清单来了

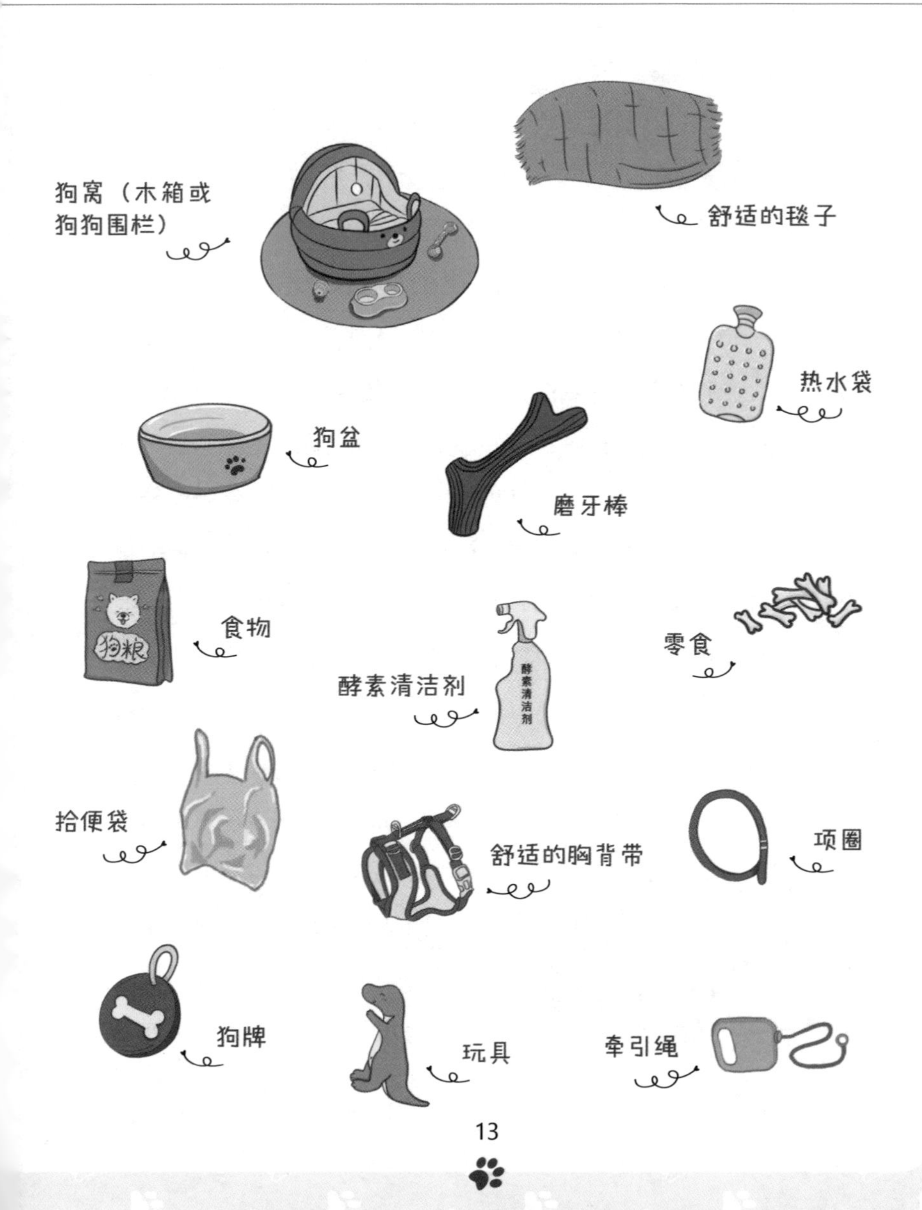

## 舒适的毯子

这可不是普通的旧毯子！

这是一条漂亮、柔软、舒适的毯子。你应该在狗狗被带回家的前几个星期，就将这条毯子带到饲养员那里。其目的是将这条毯子留在狗狗身边，让它吸收狗狗喜欢的、熟悉的味道，这些味道来自狗狗的妈妈、同伴以及新的家庭环境。

狗狗的嗅觉非常灵敏，如果我们能将这种熟悉且安全的味道带到狗狗的新家中，这将帮助狗狗感受到更多的安全和保障，特别是在狗狗被带回家后最初那几个焦虑的夜晚。还记得你第一次和妈妈分开时的情景吗？也许那是你上幼儿园或上小学的第一天，又或者是你第一次在外过夜的修学旅行。现在，你再想象一下，你不仅会跟妈妈分开，还会被几个不同的物种带走，他们都想抚摸你，把你举到空中，朝你龇牙咧嘴，然后在某个时候，他们会把你放进一个不明的金属时间机器里，接着带你进入一栋完全陌生的建筑，那里充满着可怕的气味、可怕的声音、可怕的景象以及咬起东西来很可怕的口感。我想，你会相当焦虑的。

因此，毯子的作用就是借由熟悉的味道将旧家与新家连接起来，旧毯子上的味道越浓，效果越好。就像一个蹒跚学步的孩子在上幼儿园的第一天紧紧地抱着

泰迪熊公仔以寻求安慰一样，舒适的毯子是融合新环境和旧环境的一个非常重要的工具。

## 狗窝

狗窝太太太……太重要了！

狗窝是给予狗狗安全感的重要工具之一，而且，老实说，这也能缓解你紧张的情绪。狗窝就是一个大小合适的木箱或者狗狗围栏，这两个都可以从宠物店或网上购买。

狗窝是：

- 一个让狗狗感到舒适且安全可靠的地方。
- 一个可以发现好东西的地方，例如磨牙棒、舒适的床、互动玩具和舒适的毯子。
- 一个完全没有监视，狗狗可以愉快进入的地方。
- 一个狗狗可以安心独处，慢慢建立信心的地方。
- 一个让狗狗只产生积极联想的地方。
- 一个刺激狗狗在户外加速如厕的地方。“加速如厕”虽然听起来像是游戏节目中的一个环节，但我的意思是，狗窝有助于狗狗进行如厕训练。

狗窝不是：

- 一个关狗狗禁闭的地方。
- 一个可以上厕所的地方。
- 一个可能太热、太冷或有任何不舒服的地方。
- 一个远离家庭社交中心的地方。

## 如何帮助狗狗爱上它们的狗窝

狗窝是最值得投入时间和金钱的一个装备，因为它可以让你和你的狗狗都尽可能地感到舒适、舒心。我再重复一遍——狗窝绝不是惩罚或者关禁闭的地方，而是一个舒适、放松的场所。狗窝使用得好，就会成为一个重要工具，能帮助你在无法全天候照顾狗狗的时候，阻止狗狗做出那些令人讨厌的行为。因此，从第一天开始，我们就要尽可能多地让狗狗对狗窝产生积极的联想。

如果你很幸运地从一个和善且富有爱心的饲养员那里买到一只狗狗，那在你将狗狗带回家之前，你最好把新买的狗窝放在饲养员店里几周，以帮助狗狗适应新的狗窝。至少，当狗狗和你一起回家时，它能在狗窝里找到一些它喜欢的东西。

买到新的狗窝之后，不要立刻就将狗狗锁在里面或者留在里面。尽可能让门开着，这样狗狗就不会因为被抓住或被困而惊慌失措。随着狗狗对狗窝一次次建立起新的积极联想，狗狗就会学着在狗窝周边玩耍，做出有益的探索。这时应该要让狗狗自己做出正确的选择，对于狗狗来说，选择有助于建立起信心。

让狗窝成为一个美好的地方，在那里有美味的磨牙棒、豪华的床、好玩的玩具、舒适的毯子，当然，还有一碗水。

接下来，你应该定期检查，看看“狗窝巫师”是不是来了。你竟然不知道“狗窝巫师”是谁？哈哈，你一定是在开玩笑吧？咳咳，“狗窝巫师”是一个神奇的小人，在没人的时候，他就会悄悄把所有的宝贝都藏在狗窝旁边（说实话，这些宝贝看起来、闻起来、吃起来都很像狗狗的零食呢！）。在“狗窝巫师”来访之后，我喜欢站在狗窝的入口处并开始小声对狗狗说：“‘狗窝巫师’来了吗？哦，天哪，如果他来了……他有没有留下任何宝贝呢？”然后我会让狗狗进入狗窝里探索，享受发现“狗窝巫师”留下的宝贝所带来的美妙的多巴胺刺激。

作者注：

当我独自在家时，我有时会在我的房子里到处寻找，看看“巫师”是否来过。但是他从来没来过。哎，我这个48岁的老男人！

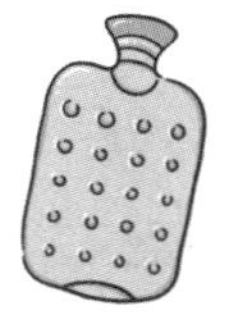

很有可能，在进入你家之前的每一次睡眠中，狗狗都会蜷缩在妈妈或兄弟姐妹温暖、舒适、柔软

的身体旁。显然你不会把整窝狗狗带回家（如果是这样，你可就看错书了）。在狗狗睡觉时，可以在狗窝里放置一个温暖（但不能太热）的热水袋，用舒服的毯子裹着，让狗狗在需要时可以暖暖地依偎在热水袋旁边。

## 狗盆

用安全、干净的狗盆盛装食物和水。确保狗狗随时可以喝到新鲜的水。如果自驾游的话，可以买一个防溢旅行狗盆，也可以准备一个便携式水壶，用于去公园散步或去参加狗狗训练班。

## 玩具

各种各样的玩具对狗狗来说绝对是必不可少的。它们可以帮助狗狗探索世界、和你建立亲密关系以及长出新牙。狗狗每天有四个小时的啃咬时间，你想让它咬什么呢？你、家具还是合适的玩具？我们的目的不是阻止它啃咬，而是理解它必须啃咬——这是它的天性，因此，你的任务是将狗狗啃咬的目标转移到正确的东西上面：通常是一个玩具，例如漏食球或者绳结玩具。无论你选择什么玩具都可以，但是质地、形状、颜色最好要多种多样，比如毛绒玩具或者橡胶玩具。

玩具不仅仅是用来磨牙的——它们可以让狗狗拥抱，给予狗狗安慰，它们也可以让你和狗狗一起玩耍，一起享受欢乐时光，增进你和狗狗之间的关系。

## 磨牙棒

在家里准备各种各样的磨牙棒很有必要。一根好的磨牙棒可以帮助狗狗放松，同时也可以避免家具被啃咬。但是要避免选择个头小、易碎的磨牙棒，消除磨牙棒被狗狗吞咽的潜在危险。

### 合适的磨牙棒包括

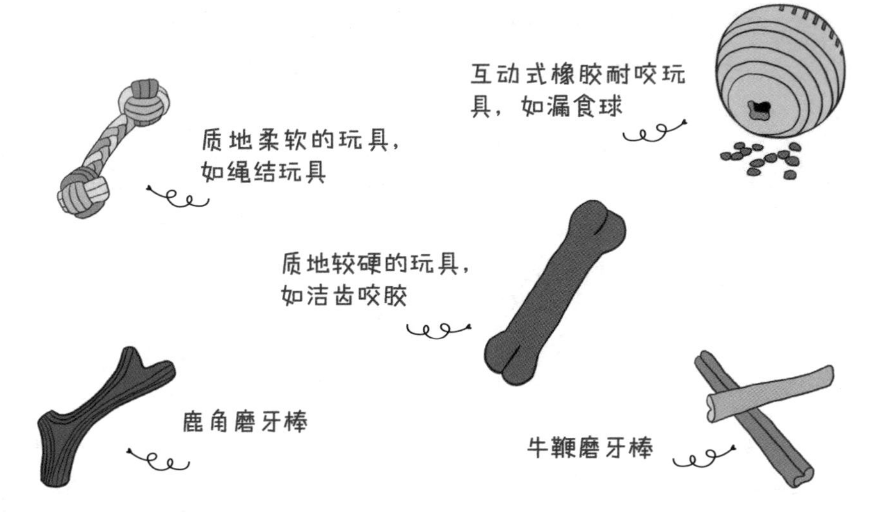

欢迎来到犬类世界中最大的雷区——食物！

有一次，我受邀在克罗地亚的一个大型国际动物福利会议上发言。休息期间，我发现有两名代表在争论一种犬类食物的优点时，差点打起来了。虽然两人都在争夺食物营养的道德制高点，但我不禁注意到两人都在喝咖啡和吃甜甜圈！

我喂养狗狗的方法与喂养自己的方法相同。就我个人而言，我喜欢吃天然的食物，因此我给我的狗狗也喂新鲜的食物，而不是吃一些我认为过度加工的食物。然而，这是一个非常有争议的话题，现在我只是想指出一个简单的常识，那就是避免给狗狗吃不好的东西，如不健康的色素、糖类、添加剂和防腐剂等，并确保狗狗获得所需的营养。

最初，狗狗每日要喂食三到四次，所以尽量控制每日食物的比例，要让狗狗对狗窝产生好的联想，培养正确的如厕习惯（参见第36页的“如厕训练”）或者在互动式喂食器中塞入食物，让狗狗得到放松和啃咬的机会。

零食怎么都不嫌多！

我们将零食用于以下几个目的：强化我们喜欢的行为（坐下、召回、眼神接触等），以及让狗狗对世界上的事物产生积极的联想。我们希望狗狗能快乐自信地应对一切事物（孩子、汽车、客人、奇怪的声音、奇怪的东西等）。

因此，你必须随时准备好充足的零食在手边，如鸡肉、奶酪、热狗等。当然，我们不希望给狗狗喂养过多不健康的零食，但偶尔有一点点美味的垃圾食品，绝对能让狗狗记忆深刻，并且为了得到这点“美味”，能让它们重复做出好的行为。

很有可能，你会将狗狗的日常零食用于以下情形（即使它们是生食）。例如，把零食放在漏食球里面，帮助狗狗在狗窝里安顿下来或者让狗狗在一家人看电视的时候安静下来。

使用狗狗喜欢的奖励是很重要的，所以一般规则是使用你手边能拿到的最好的玩具和零食来诱使狗狗做出你想让它们做出的行为。尤其要注意避免选择高糖、高盐，以及成分比较复杂的含添加剂和防腐剂的零食。配料越少越好，所以我喜欢用鸡肉片或火腿片来作为狗狗的零食，既有营养又能给予狗狗激励，一举两得。

在狗狗训练中，我们希望狗狗多做一些我们想让它们做出的行为，就会经常用零食来作为激励手段。整个互动过程能帮助狗狗对周围的环境和人建立积极的联想。在别人抱怨我因为给狗狗喂太多零食而导致狗狗产生肥胖问题之前，我必须指出，随着时间的流逝，在训练取得一定成效且积极联想能够稳固建立的时候，我们使用零食激励的频率就会变低。没有任何人想在训练狗狗时一事无成，所以不用对狗狗那么刻薄。

## 拾便袋

请使用生物可降解拾便袋或尿布袋，为保护环境出份力吧！缺点是你需要的拾便袋可不少！如果狗狗在外面尤其是陌生的地方不能立马上厕所，不要惊慌，这只是信心问题。当它们在新环境中放松下来时，它们就会感觉很舒适，粪便就会“顺势而出”了。

## 酵素清洁剂

生活并不完美，所以狗狗偶尔也会忍不住在你的地毯上上厕所。有了这个心理准备，就买一个对宠物友好的酵素清洁剂吧！以前有些人建议使用醋来清洁狗狗的尿液。虽然醋是碱性的，有助于给狗狗尿过的地方除臭，但是后来实践发现在用过醋的地方，狗狗反而更容易尿尿！

## 项圈

让狗狗尽快习惯戴项圈。项圈不要太厚重，要尽量轻盈一些，否则会惹怒狗狗，并对狗狗产生压力（想一下在你孩童时，第一次被迫戴上可笑的帽子和穿上不舒适的鞋子时的感受）。给狗狗尝试新事物的时候，慢慢来，保持积极的心态：

1. 坐在地板上，把项圈放在背后。
2. 给狗狗看看项圈，然后给它吃一点零食，然后把项圈放到背后。

3. 反复几次帮助狗狗建立联想：项圈出现＝好东西。
4. 当你看到狗狗很乐意见到项圈（在训犬圈中被称为“积极条件性情绪反应”）——狗狗的肢体语言表现为：快乐地摇尾巴，扭动身体，眼神充满期待时，你就可以将项圈戴到狗狗的脖子上，然后给狗狗一点奖励的零食。
5. 要注意在给狗狗零食前先将项圈松松地戴到狗狗脖子上，然后在做重复动作之前卸下项圈。
6. 将项圈固定在狗狗脖子上，跟它玩游戏，然后卸下项圈，停止喂零食。接着重复这一行为。
7. 逐渐增加狗狗佩戴项圈的时间，直到项圈永久地固定在狗狗的脖子上。

## 狗牌

英国1992年颁布的《禁狗令》中规定任何狗狗在公共场所都必须戴上配有狗牌的项圈，狗牌上面刻着或者写着主人的姓名、地址和邮编。再说一遍，要尽早将狗牌挂到项圈上。狗牌不要太大，记住，它们是狗狗，不是野兽男孩！

## 舒适的胸背带

在带狗狗散步时，相比项圈，我更喜欢用胸背带。我希望你和狗狗能一起享受散步的美好时光，彼此都感觉非常舒适。以我的经验来看，胸背带比绕在脖子上的项圈更舒服，能更好地控制狗狗，也更能加强你与狗狗之间的联系。有时候牵引绳会牵得比较紧，这种情况不可避免。当这种情况发生的时候，要尽量减少对狗狗的压力，所以我更喜欢将胸背带舒服地跨到狗狗宽阔的胸部和肩膀上，而不是紧紧地扼住狗狗狭窄的喉部。

当然，在这本书中，我们将讲到如何教狗狗舒服地戴着牵引绳走路（见第152页）；然而这需要训练，而训练需要时间。所以，暂时就让狗狗舒适安全地度过第一天吧！买一个舒适、可调节的胸背带，并给狗狗调节好。

## 牵引绳

跟项圈一样，一开始买一条轻盈的牵引绳，这样狗狗就不会意识到它们已经被拴上了。一旦狗狗开心地戴上胸背带，你就可以连上牵引绳，然后像开派对一样：零食、游戏和拥抱统统安排上！一开始，只要在安全范围内，比如在你的房子里和花园里，你根本不需要系上牵引绳。如果幸运的话，狗狗压根都不会注意到它们背后的绳索。如果它们注意到了，它们也会很开心地接受牵引绳，因为狗狗会联想到：系牵引绳＝美好时光！

在旅途中，我从世界上很多优秀的训犬师身上学到很多。我年轻的时候和一个来自比利时的训犬师盖特·德·波尔斯特一起工作。一直以来，与狗狗一起训练，我都热情高涨，因此最终将盖特给我的指导浓缩成两点：

1. 像开派对一样＝奖励，跟狗狗疯狂地玩。
2. 像一根灯柱一样＝闭嘴，站着别动！

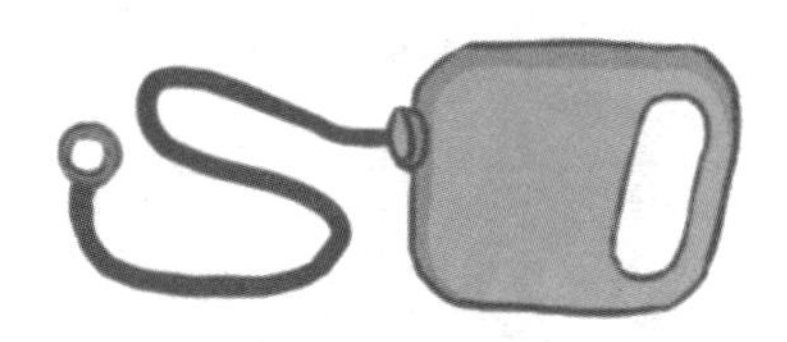

不要责怪狗狗好管闲事！

它们会好奇地窥探房子的每一个角落，这种好奇心对于狗狗获得安全感，并尽快适应它所生活的新世界至关重要。

所以，未雨绸缪，有备无患！下面是狗狗到家前需要注意的一些情况：

- 不要让狗狗接触花园中有毒的植物，如某些类型的百合花或水仙花球茎（网上有许多资源可以让你了解最新的狗狗防护清单和建议）。
- 整理、移除或收好所有“非法”的啃咬玩具，如遥控器、高档鞋或手机。如果你没有整理、移除或收好这些东西，那就意味着你认为它们是“合法”的啃咬玩具。如果狗狗咬了它们……那就是你的错，不是狗狗的错！
- 小心低垂的桌布！
- 清除所有容易被狗狗尾巴扫到的东西！一条狗狗尾巴可以在2.4秒内扫除6个大酒杯！
- 你留意到的家具是家具，没留意到的家具就是“合法”的啃咬玩具！
- 将池塘或任何可接触到的水域用栅栏围起来，防止狗狗进入。

- 不要让狗狗接触到任何化学品，如油漆、化肥和除草剂。
- 确保所有花园的围栏都是安全的。
- 电线……
- 这个清单有可能是无穷无尽的。应避免狗狗接触到任何你认为有可能造成窒息的危险物品。如果狗狗与之接触不安全，请将其移走，不要让狗狗接触到。就像为了安全起见，我们不会让婴儿在无人看管的情况下在家中爬行，狗狗也一样。

拿着便笺本和笔对应上面的清单，在你的房子和花园里转转。为自己做一份核对清单，并在每一项危险物品前打钩。在狗狗到家之前移除或者收好这些危险物品，这样你就可以享受整个养狗的过程，而不是时刻警惕危险的来临了。

## 第一夜：祝大家好运！

老实说，新家的第一个晚上对狗狗来说是非常可怕的。它被迫离开它的妈妈、兄弟姐妹和唯一熟悉的环境。然后第一次被放进你那辆可怕的汽车里，抵达一个有着全新景象、全新声音和全新气味的地方。与一般人的想法相反，我觉得现在不是强行表现宠爱的时候，而是与它产生共情，与它建立安全感和信任感的时候。

如果有可能的话，尽量在早上去接狗狗回家，这样它们就有一整天的时间跟你待在一起，并在晚上之前熟悉它的新环境和新家。如果狗狗和你度过的一天非常充实和快乐，那么到了睡觉时间，你们俩都能倒头就睡。此外，如果你在早上去接狗狗，你就有一整天的时间向狗狗展示它的新窝有多酷。

考虑到这一点，你会将裹着热水袋的旧毯子放在哪里呢？放在狗窝里！狗狗在哪里能找到美味的零食呢？在狗窝里！狗狗在家里发现的最舒服的床在哪里呢？在狗窝里！狗狗在哪里吃早餐、午餐和晚餐？你猜对了，在狗窝里！在第一天中，你要尽你所能向狗狗表明狗窝是一个什么样的地方。

当睡觉时间来临时，把狗狗已经熟悉的狗窝带到楼上，并把狗窝安放在你的床边。确保狗狗的最后一餐与睡觉相隔至少两个小时，这样当你带它外出如厕时，它就可以趁此机会“排空”自己。

这让我不禁想起让狗狗独自度过第一晚的传统做法。想一想，当你还是个孩子的时候，你被人从你唯一熟悉的家中拉出来，远离你的母亲和家庭，然后被安置到一个奇怪的环境中，你的所听、所闻、所见都是新的，这时你会有什么感觉？如果可能的话，你难道不需要一点额外的安慰帮你抚平心中的创伤吗？

与其将狗狗与你完全隔离，在你上楼时留它在楼下哭泣（这将导致这个晚上非常难挨，深深影响你和狗狗，甚至是你的邻居，你邻居的邻居），我建议在最初的几个晚上，将狗窝移到卧室的地板上，让狗狗与你同住在卧室里。请记住，我们的计划是培养一只自信、乐观的狗狗，而建立这样的信任需要耐心和时间。

在狗窝里放一些美味的零食和一条旧毯子来安慰狗狗，并注意整个夜晚你可能要不时地把手伸进去安慰它。说实话，养狗的目的并不是让自己过上更安静的生活！

让狗狗在房间里和你同住的一个巨大好处是，当它因为想上厕所而开始踱步或哼唧时，你可以让它出去上。这需要极大的精神力量，将你自己从床上拖起来，抱着狗狗下楼，在11月的凌晨3点钟站在挂着霜的草坪上带着狗狗如厕。但是，相信我，这段时间是值得花的。这可以避免狗狗在室内如厕，也强调了室外如厕的重要性（我们将在第四章中讨论这一重要话题）。

早晨，将狗窝挪回楼下的正常位置，以便你的狗狗使用。

几天甚至几周后，随着狗狗越来越适应它的狗窝与它的新家庭，你可以开始将狗窝挪远一点，并慢慢接近你最终希望它睡觉的地方。

不要操之过急。记住，信任需要时间。

当我写这本书时，我正和我的灵魂伴侣——我13岁的玛利诺犬卡洛斯待在办公室里。不幸的是，卡洛斯上周被诊断出患有心脏疾病，所以我们在一起的时间不会太久了。我在倒数着时间，而它仍然在散发着活力，纯粹为了快乐而生活，无忧无虑。

这是我从它7岁起就教它的生活态度。

我希望你的狗狗也是这样。纯粹为了快乐而生活，无忧无虑。

我回想着我跟狗狗共同经历的神奇冒险：抓捕“坏人”、协助缉查毒品、在去训练场的面包车里跟着收音机唱歌，相互陪伴。我们已经一起跋山涉水，走过了数千公里的路程，也记不清有多少民宿主人在我们到达民宿时惊叹不已了。

亲爱的读者，我真为你激动不已。

你和你的狗狗将创造属于你们自己的神奇冒险，我希望这本书能手把手指导你，并让你在多年后回过头来问自己，捡拾粪便、夜不能寐、鼻子被咬、更换家具、更换衣服（所有这些你一定会经历到的）这一系列的折磨是否值得的时候，你会立马像我一样回答：“我永远不会改变我的选择。”

第三章

# 狗狗想让你知道的20.5件小事

## 20.5 Things Your Puppy Wants You to Know

1. 我生来友善，如果能让我保持健康、安全和快乐，那我每天都会保持友善。

2. 我是一台行走的行为机器！你要改造我生活的环境，那样我就不会干坏事，同时，你也可以激励我做一些回报率高的行为！

3. 成为我的朋友。

4. 每当我们在一起的时候，我们都在塑造着彼此！

5. 我们俩都不是狼。请不要把我的热情与统治世界的愿望混为一谈。我可能想咬家具，因为这样很舒服！我可能会比你先穿过门廊，因为我的动作比你快，而且我好奇心超重！人生苦短，莫让小事影响心情！

6. 花时间陪我。

7. 保持简单。

8. 消除猜疑。

9. 我们是队友，不是对手。

10. 如果你不希望我做什么坏事，那就让我做一个强化的替代行为，那样我们都会开心。

11. 我做出的所有行为都是有原因的。

12. 我不做你要求的事，只有两个原因：

我不明白你要求我做什么。

我没有足够的动力去做。

13. 请多了解我的肢体语言，那样我们就可以更好地沟通。

我的“感觉”远比我的“行为”更重要。

14. 良好、持续的社交活动能帮我应对你们这个奇怪的人类世界。我需要大量的社交活动，但质量比数量更重要。

15. 请确保我有充足的优质睡眠。当我正在长身体和长大脑时，我需要大量安静的“放空”时间：在8周大时，我每天需要睡18～22个小时；在12周大时，我每天仍然需要大约16个小时“闭目养神”的时间。

16. 请确保我有一个特别安全的地方。有时，我可能需要一点点独处的时间。请给我一个美好、舒适的容身之所，我可以去那里享受平静与安宁，没有人可以打扰我。

17. 所有的训练都是为了让我们俩的生活变得更加美好。

18. 我不希望与你发生冲突。我需要指导。

19. 没有哪只狗狗是“顽固”的，我也不会成为第一只！我从来不会这样想：我知道你想让我做什么，我真的希望奖励再多一点……

20. 请不要主宰我，这不是我们犬科动物和人相处的方式。

老实说，你已经帮我决定了：

我去哪儿？

我在哪儿睡觉？

我何时睡觉？

我何时吃饭？

我吃什么？

我在哪儿大便？

我与谁交往？

我做的几乎所有事情！

你觉得你还需要怎么掌控我这只狗狗呢？

20.5. 狗比猫好得多！

又见面了！

你猜对了：养狗没有捷径。

你这个自以为是的家伙！

我为你感到兴奋。

好好享受这本书吧，永远不要低估你对狗狗的重要性。

让我们开始训练吧！

# 第四章

# 如厕训练

## Toilet Training

问：男人站着做，女人蹲着或坐着做，狗狗用三条腿来做的是什么？

答：来握个手，你懂的！

信不信由你，正如美国犬业俱乐部所言，狗狗随地大小便问题是狗狗失去家园或被送进收容所的重要原因之一。你相信这是真的吗？好在我们对于孩子还不至于那么不宽容！请记住，是我们邀请狗狗来到我们的世界中生活的，我们是主人，它们是我们的客人。我们绝对有责任握着它们的爪子（这是形象的说法啦，毕竟我们这里又不是马戏团），引导它们进行如厕训练。听起来很简单，实则并不容易。如果你能坚持下去，狗狗会学得很快，但不会一蹴而就。

请记住这一点：狗狗在它们觉得需要的时候，在它们认为合适的地方才会大小便。作为一名老师，你要小心翼翼地引导它们，告诉它们在哪里上厕所得到的奖励最多，并不断重复此动作。如果奖励得当，只要它们有能力，它们就会很快完成如厕训练。

注意，没有任何一只狗狗在你的房子里大小便是“出于怨恨”或“出于对你的报复”。

## 为什么会发生这种情况

在室内上厕所可能有多种原因：

- 完全控制膀胱可能需要长达20周的时间。（饱满的膀胱是最难控制的！）
- 狗狗还没有找到大小便的最佳场所。
- 顺从性排尿。
- 兴奋。

有时有人问我，为什么狗狗在地毯上尿尿的次数比在硬地板上的多。其实，狗狗天生就觉得必须在吸收性好的地方尿尿。我们只需要教会它们吸收性最好的地方是在外面。诚然，有些没有机会在草地上尿尿的狗狗会一直在水泥地上尿尿，因为它们已经习惯那样了。但如果有选择的话，大多数狗狗都希望在吸收性好的地方尿尿。

## 狗狗的尿点

狗狗和我们一样：它们会做那些被强化的行为。所以我们要确保这种特殊行为发生在正确的时间和正确的地点，而不是在外婆的拖鞋里！狗狗在这些时候最想上厕所：

- 早上的第一件事。
- 吃完饭后。
- 醒来后。
- 玩耍后。
- 有客人来访后。
- 在室内经历任何兴奋活动之后。
- 晚上的最后一件事。
- 狗狗在到处嗅和在地板上绕圈的时候。

## 在狗狗大小便过程中你需要做的准备工作

- 记下狗狗的大小便日记。
- 准备狗窝、儿童安全门或狗狗围栏。
- 对狗狗肢体语言进行敏锐观察。
- 记住养狗时许下的承诺。
- 准备有用的酵素清洁剂。
- 保持耐心并做几次深呼吸！

## 为狗狗成功如厕创造最佳环境

在狗狗完全掌握如厕训练之前，尽可能多地进行训练。它们应在特定的监督下，在它们的狗窝里上厕所。监督者的工作就是像鹰一样观察狗狗发出的任何想上厕所的身体信号。然而，请注意，它们可以在没有监督的情况下在它们的狗窝里上厕所，狗窝是上厕所的绝佳地点。但像我们所有人一样，如果有选择的话，狗狗最不愿意上厕所的地方就是它们睡觉和吃饭的地方。

你还可以做其他事情来改造你的家和环境，以增加狗狗成功如厕的机会。与传统的观点不同，我不喜欢在室内铺上报纸让狗狗在上面尿尿的这种方式。在我看来，这仍然是在训练和调教狗狗在室内尿尿。无论它们在家里的什么地方尿尿，归根结底，我们不希望狗狗在家里有这种行为，所以我们从讲解“尿尿”的意思开始吧！要让狗狗知道在室外上厕所是它们能做的最好的事情。

因此，按照我上面的逻辑，我们接下来要通过使用监督者和狗窝来限制狗狗在室内尿尿的次数。所以现在，你应该已经准备好回应狗狗上厕所的信号了吧！

你可能要问：“狗狗想要上厕所时究竟会发出什么信号呢？”好吧，我在前面列出了所有狗狗想要上厕所的环境和时间。信号不一定都准，比如，在地板上嗅来嗅去和转圈圈通常被认为是想要上厕所的信号——这个动作被认为是过去狗狗检查地面是否有蛇的一种回溯行为，也是它们为了在大便前软化草地。其他信号可能包括哼哼唧唧、上下踱步或挠门。

随着时间的推移，你会理解这些信号，并且发现每只狗狗发出的信号都不同，但要耐下心来，细心观察，并做好准备随时采取行动！然后，当这些信号出现时，抱起或鼓励你的狗狗到外面，然后等待……静静地……等待……再等待……

当狗狗上完厕所后——而且只有当它们上完厕所后——就是狂欢时间了！零食、宠爱、赞赏、游戏——应有尽有！无论你的狗狗喜欢什么，确保它们在外面上完厕所后能立即得到，这样不仅可以强化行为本身，而且可以使得这种行为发生在正确的地方。

从狗狗的角度来看，它们学到的经验是：

在室内如厕＝一无所有！

在外面如厕＝世界上最好的东西！

为了得到世界上最好的东西，谁不愿意迈一下腿，走远一点呢？

就是这样，很简单，对吗？嗯，也不一定。例如，很多时候，你把上述所有的事情都做得很好（接收到信号，把狗狗带到外面，等等），但是它还是没能成功尿出来。当这种情况发生时（但愿不会发生），只需让狗狗安静地待上5分钟，再把狗狗带回室内（不要大惊小怪）并将它放回它的狗窝。然后在10分钟后再重复一次。重复很有必要，但是要记住，只要狗狗在外面上厕所了……就要像开派对一样鼓励它。

在这一点上，有个建议很关键：尽管看起来很令人期待，但是上厕所是一种特殊行为，我们希望在行为完成后才开始强化过程，而不是在行为开始时就强化。如果我们在狗狗还没有上厕所的时候就开始庆祝活动，那狗狗就会在撒尿撒到一半时，从你手中抢走食物，然后跑进屋，在你最好的地毯上完成接下来的“工作”！

最后还有一个关键要点——如果狗狗在室内上厕所，千万不要惩罚它们。有一种 “老派”方法是用狗狗的鼻子去擦尿。这种做法非常恶心，且完全不可接受。你肯定不会用脏尿布去擦婴儿的脸。所以要保持耐心、冷静下来并理解它们实际上正在学习如何以及何时正确如厕。你的工作是在它们出错时教它们，而不是惩罚或责骂它们。持之以恒，保持纪律，并明白你的工作就是帮助这些狗宝宝。无论你的地毯多么珍贵，我保证它永远都比不上你与狗狗之间的关系，比不上你与狗狗共同度过的岁月。

那么，现在是你从未想过的时刻了——记下狗狗的大小便日记。这非常有用，至于为什么要这么做，请听我慢慢道来。

在经历过最初大小便的慌乱之后的几个星期，你将看到狗狗开始形成上厕所的规律。狗狗的大小便日记有助于调整计划来适应狗狗的需求，以及了解一天中需要带狗狗外出如厕的次数。一旦你找到了规律，请保持习惯——这需要耐心和精力，如果需要的话，在手机上设置一个闹钟。我知道这很麻烦，但肯定不会像洗地毯那样麻烦。

说到洗地毯，如果意外确实发生了，那么请用一瓶好的酵素清洁剂，并把该区域好好清洗一次。你一定要真正彻底地清洁该区域。因为狗狗经常会被气味吸引到它们以前排泄过的地方去上厕所（在过去，标记领地很重要，这也是它们生存的一部分）。

每清理一次，就好好清理干净。

以上是帮助狗狗进行如厕训练的最好方式。然而，为什么狗狗仍然在室内上厕所，以下三个原因值得注意。

## 夜间上厕所

正如我所提到的，狗狗不愿意在吃饭、睡觉的地方上厕所（参见第15页的狗窝训练）；但是，它们的小膀胱和小肠只能“坚持”一小段时间，所以在开始如厕训练时就要早起，以尽可能少犯错误。尽可能多地帮助狗狗，你要知道，如果方法正确，随着如厕训练的进行，你早上很快就可以在你的被窝里多待10分钟了。

## 问候小便

你有没有因为看到某人而高兴得尿裤子?

咳咳，没有，我也绝对没有。

有些狗狗在看到家人或客人时过于兴奋，以至于它们未成熟的尿道括约肌撑不住了，因此在说“你好”时就不知不觉地撒了尿。有些狗狗会兴奋到在屋子里欢快地跑来跑去，留下一地的尿液让你清理（我曾看到一只狗狗用尿液拼出了“Hi”这个词）。好消息是狗狗的尿道括约肌会随着年龄的增长而变强，而这种行为通常也会得到改善。如果你有一只过于兴奋的狗狗，有可能的话，请确保客人一开始是在屋子外面与狗狗见面的，并保持友好和温和的问候，以避免狗狗过度兴奋。

## 顺从性排尿

当狗狗缺乏信心或对迎接它们的人类有点恐惧时，顺从性排尿也是一种缓解行为。如同上面所有的问题一样，这是一种非常正常的行为。随着狗狗的长大和信任的建立，这个问题通常会逐渐消失。

为了加速这一过程，应注意培养狗狗对人和新环境的信任。在短期内，请尝试这些技巧。

- 选择一个即使狗狗乱尿也不会造成大麻烦的地方来迎接狗狗——花园是一个明显不会错的选择。
- 理解这不是狗狗的错，它们真的是无能为力。
- 与以往一样，避免责骂或惩罚，因为这只会使狗狗更加害怕，从而加剧问题的严重性。
- 问候狗狗时尽可能保持温和。蹲下身来，让狗狗向你走来，在狗狗下巴挠痒痒远比用大手去摸狗狗的头要好得多。
- 要注意自己的肢体语言：动作幅度要小，要侧身，要轻巧。不要俯身或直接盯着狗狗，将你的目光和脸转向一侧，让狗狗自己主动向你走来。

## 案例研究：可卡犬贾维斯的粪便

贾维斯是一只非常可爱的幼年可卡犬。事实证明，它有点太可爱了，因为它习惯于在沙发后面给它的家人留下一个小“礼物”。几周前，我曾去它主人家就“关于狗狗的所有注意事项”提供建议，其中就包括如厕训练。

全家人都在等着我，并准备好做笔记。没有什么能像一只调皮的可卡犬一样，让一个家庭凝聚起来。我再一次梳理了整个过程，并确认了我给这个家庭的所有建议。

我：贾维斯每次要大小便的时候会被带到外面去上厕所吗？

家人：是的！

我：贾维斯没有在无人看管时被留在客厅里吧？如果你和它在一起，你是否注意到了它的肢体语言？如果你不和它在一起，你是否能确保它在狗窝里？

家人：我们大部分时间都注意到了！

我：好的。我们的目标是在接下来的几周里把 “大部分” 改成“全部”。现在，你要确保当它在外面上厕所时，你能立即表扬它，并用奶酪（这是贾维斯最喜欢的食物）来强化它的行为。

家人：好的。

我：……你从来没有因为贾维斯在室内上厕所而惩罚过它吧？

爸爸：啊！

我：啊？

爸爸：啊……

原来，一个星期前，家里的其他人都出去了，爸爸发现贾维斯在地毯上大便。于是爸爸怒吼了贾维斯，并告诉它不要这样做。拉了两次大便后，可怜的贾维斯学到的是：在人类面前上厕所会导致 “不好的事”发生。

那么，传达给贾维斯的信息是什么？

不要在室内人类可能发现的地方大便。

那从贾维斯的角度来看，解决方案是什么？很简单。

在沙发后大便！

可怜的爸爸只是在做他认为有用的事情，却不知道惩罚永远不会告诉狗狗你想让它做什么。惩罚只会让狗狗陷入迷茫，更糟糕的是，它会害怕爸爸。这对任何人都没有好处。而且，狗狗对你不了解，当它害怕的时候，它就更需要上厕所。

在解释了对贾维斯大喊大叫的后果和负面作用后，我们要确保以后对贾维斯进行适当的监督，并对它在外面上厕所的行为进行大量奖励，而且在任何情况下都不能对它的行为进行指责。让我们面对现实吧，这是人类的错误。没过多久，嘿！我们回到了正轨。

这个故事的寓意是什么？强化有所得，惩罚亦有所得，但是惩罚所得的就是狗狗在沙发后面拉大便。

# 第五章

# 肢体语言

Body Language

想象一下，如果你的朋友一直无视你所说的话，你就不会再想和他一起玩，也不再想跟他沟通，你们的友谊自然不会长久。

我们要求狗狗进入我们的世界，按照我们的规则玩游戏，说句公道话，它们在这方面做得非常好。如果它们做得不好，那我就有太多的工作要做了。我们每天都希望它们能听懂我们发出的古怪的声音，所以在它们“说话”的时候，我们至少要学会倾听。

如果我们要培养一只全面发展、快乐和听话的狗狗，那我们就要尽全力成为狗狗肢体语言大师。

无意冒犯，但你也是动物！

我们都是动物。

我们有肢体语言。

所有动物都是如此。

我希望你能理解并回应狗狗的肢体语言，当它们有压力或感到害怕时，你可以明白它们的需求，并采取一些措施来减轻它们的压力，或向它们传递支持的力量。如果它们很高兴，我希望你能立即知道，并分享它们的快乐。

这不仅仅适用于你的狗狗。我希望你能读懂所有狗狗的肢体语言。

如果公园里有另一只狗狗看起来不舒服，我希望你能辨别出来，并把你的狗狗牵走，给予那只狗狗所需要的空间。如果一只狗狗不希望其他狗狗在眼前出现，而你却没有留意到，这将会引发各种冲突和事故。往好了说，你们的散步就到此终止了；往坏了说，你的社交训练计划可能得从头开始。

## 理解肢体语言的规则

并非所有狗狗的肢体语言都一样！在放松时，博美犬的尾巴就和惠比特犬的尾巴看起来截然不同。所以，花点时间观察一下你的狗狗在放松时以及在一个没事干扰且舒适的环境中所展示的肢体语言。只有你了解了狗狗在正常状态下的肢体语言，你才能在狗狗惊恐、过度兴奋或情绪激动时采取正确措施。

在解读狗狗肢体语言的时候，观察其所处的环境，评估其所处的情境也非常重要。肢体语言或任何尝试沟通的行为都不会是凭空产生的。通过观察环境，我们可以确定狗狗气喘吁吁是因为被烟花吓到了，还是因为它们一直在玩飞盘。狗狗抬起爪子可能是因为它们感到不安，也有可能它们只是准备“招呼”另一只狗狗来玩游戏！情境决定一切。

狗狗做出的任何一个肢体动作都不能百分之百说明它们的某种情绪。我们需要做的是纵观全局——所有肢体动作加上环境——然后我们就可以做出有根据的推测，并在需要时采取行动，帮助狗狗摆脱困境。

简而言之，注意狗狗的肢体语言，并作出反应是至关重要的。如果我们无视它们发出的微妙信号，那么它们可能会将代表这些信号的“话语”从它们的字典中删除，并开始诉诸暴力的沟通方式。这时它们就会出现攻击性行为。

# 常见的肢体语言信号和需要注意的方面

## 伸展

如前文所述，应考虑狗狗做动作时的情境。它们可能只是在简单地“晨练”，特别是像视觉猎犬这样体形较大的狗狗。它们会在早上起来的时候，向前倾伸展后腿，向后倾伸展前腿，拉长脖子，然后打个哈欠。完成伸展后，它们才准备好在沙发上度过漫长的一天。伸展可能是一种替代行为（见第59页），表示它们不舒服，也有可能是一种问候行为。当狗狗向它们熟悉的人打招呼时，它们往往会慢慢地伸个懒腰，仿佛在说：“你好吗？老兄？”

## 打哈欠

打哈欠可能是狗狗感到有点压力的信号，也许周遭的环境让它们感觉不太舒适，狗狗也可能会通过打哈欠来安抚周围的人，又或是从他人那里寻求安慰。

如果一个东西看起来像鸭子，走起路来像鸭子，叫起来也像鸭子，从哲学上说那一定就是鸭子！

狗狗挠痒痒也许就只是表示狗狗发痒了。然而，根据不同情境——这也有可能是一种替代行为，表示它们需要一点安慰。

眼睛是心灵之窗，许多有价值的信息都可以通过眼睛表达出来。

- **狠狠瞪视：** 可以视为一种威胁。
- **眼神温柔：** 露出漂亮的杏仁眼表明狗狗很舒服。
- **转移视线：** 试图回避已知威胁，被视为一种安抚行为。
- **瞳孔扩大：** 唤醒或压力的标志。这可能是忧虑，例如，因为雷雨，它对生命安全感到恐惧。也可能是“良性应激”（比如快乐的刺激、兴奋、积极的情绪）。
- **眯眼：** 通常是一种安抚行为，目的是减少冲突，并表明没有恶意。同样，考虑当时的情境是非常重要的。如果狗狗积极主动地接近另一只狗狗并对它眯眼，那么狗狗实际上想表达的是它想与那只狗狗交流，这是它表现友好的一种沟通技巧，充满善意且表意清晰。然而，如果狗狗在躲避另一只过于热情的狗狗时眯了眼，那么你可能就得立马介入，给予狗狗需要的空间。

- **眨眼：**与“狠狠瞪视”相反，眨眼显示的是一种放松的、非对抗性的状态。
- **鲸鱼眼（翻白眼）：**比正常情况下露出更多的巩膜（眼白），即翻白眼。这种情况通常源于对资源的保护，当狗狗将它的身体朝向它想要保护的资源，却将视线朝向已知的威胁时，会露出更多眼白。

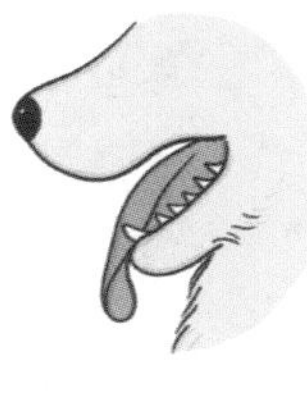

- **放松状态：**嘴巴张开且松弛表明狗狗此时很舒适。一般来说，如果能看到狗狗下边的牙齿，就是一种好的迹象，意味着狗狗头部与下颌的颞肌和咬肌都非常放松。

- **唇部水平后缩：**如果狗狗唇部向后拉（就像狗狗正在被大风迎面吹一样），这可能表明狗狗感到忐忑不安或恐惧。

- **唇部垂直上提**：正如达尔文所说，当身体和面部特征呈现收缩的状态时，这可能暗示为一种威胁行为，狗狗仿佛在说“退后”。然而，这时不应责骂或惩戒狗狗，而应评估现状，并联系一位优秀的训犬师，制订训练计划，以便狗狗在类似的状况下不会再感到有压力。

- **嘴巴紧闭**：表明狗狗可能感到紧张。紧张的另一个迹象是，你可以比平常更容易看到胡须的根部。也就是说，嘴巴向前伸，胡须突出来。

## 尾巴

- **摇尾巴**：“但是，它在摇尾巴……”当人们被狗咬的时候，我经常听到人们这么说，仿佛是狗狗的错一样。道理很简单：狗狗摇尾巴不一定意味着狗狗在表示友好。同理，我们挥舞手臂并不意味着我们在愉快地说再见，也有可能是在挥舞着愤怒的拳头！
- **竖起尾巴**：狗狗尾巴竖得又高又直，意味着警觉或者兴奋。

- **尾巴夹在两腿之间：**表示狗狗很紧张或害怕。
- **直升机式尾巴：**直升机式尾巴是指狗狗尾巴做流畅的圆周运动，以表示友好问候或期待着愉快的互动。有时是绕圈，有时则是绕一个非常有艺术感的“8”字形。

## 耳朵

由于繁殖具有一定的随机性，你可能会有一只耳朵呈“V”形的维兹拉犬、折耳的寻血猎犬，或蝙蝠耳的柯基犬。由于各种狗狗耳朵的形状和大小都不同，因此了解你的狗狗耳朵正常状态下的样子非常重要。

- **耳朵竖起来：**耳朵竖起来意味着警觉。这种警觉性可能是专心的表现，也可能是忧虑的表现。因此，要视具体情况而定。
- **耳朵向后拉：**狗狗耳朵向后拉说明它可能感到紧张、忧虑或害怕。
- **耳朵压低：**与上述情况非常相似，但是如果狗狗的耳朵轻轻地压低，眼神放松，身体呈现出一种舒服柔和的状态，就说明它在准备迎接一个好朋友。

**头部倾斜：**有时被称为“三角反射”或“定向反射”。这是指狗狗突然将它们的头倾斜45°。狗狗倾斜头部是为了能够弄清楚声音到底是从哪里发出来的。它们的耳朵就像小卫星一样，可以测量距离和辨别方向，所以在过去，它们要靠自己谋生的时候可以准确无误地跃起，在茂盛的草丛中抓住老鼠。它们知道自己只有一次尝试的机会，所以必须准确无误。现在，“定向反射”体现在狗狗可以快速察觉到哪里有一包薯片被打开了。

注意狗狗的脚；在讨论肢体语言时，脚常常被忽视，但狗狗的脚也有很多值得我们研究的地方。

**抬起爪子：**狗狗通常会抬起爪子以示期待，也许这时你正在准备它们的食物或准备扔一个玩具给它们追赶。在其他情况下，抬起爪子也可能说明某种程度的忧虑。也许是另一只正在嗅探的狗令它感到不舒服，或者家里来了一位陌生的客人令它感到不安。有时我也会看到狗狗在试图了解新情况（比如它们第一次看到不同的物种）时会轻轻地抬起它们的爪子。

## 整个身体

在解读狗狗的肢体语言时，最好是看一下狗狗身体的整体情况，以及上述所有的单个特征，以帮助你尽可能了解整体情况。我们的肢体语言也会透露出很多类似的信息，所以可以用我们自己的身体作为第一参考指标。例如，想想人类相互走近，友好打招呼的方式。友好走近的方式通常呈新月形：接近者走在一条弧线上。

当一只狗狗友好地接近另一只狗狗时，它们做的第一件事是什么？是的，互相闻屁股。通过走弧线的方式靠近，狗狗的鼻子正好到达“信息中心”（屁股）。

我曾经去葡萄牙旅行，在早晨观察过沙滩上的狗狗们的交际方式，通过测量狗与狗见面后在沙地上留下的脚印，我可以看出：一排月牙形的脚印预示着一次友好的会面。我们人类也是这样。当我们第一次见到别人时，我们会以类似的曲线接近，这便于我们握手。当我们握手时，我们的身体自然而然地处于一个友好的角度，你会注意到，有些人在打招呼时，会以顺从的方式点头或低头，进一步弯曲身体。弯曲是件好事！

如果在一个舒适的环境中我很放松、很愉悦，那么在站着和你聊天时，我的脚会摆成10点10分这个角度，我的膝盖会弯曲，我的臀部、肩膀和头会偏向一边，而且我不会持续注视你的眼睛超过一两秒钟，而是会眨眼或转移目光。

现在考虑一下相反的情况：想象一下我带着不太友好的意图接近你。在我接近之前，我的身体会站得笔直，我的脚和膝盖会保持平行，我的臀部、肩部和头部都会在一条直线上。我会直勾勾地盯着你，而不会看向别处或每隔几秒钟就眨一下眼。在接近你时，我的路线是笔直的、直接的，毋庸置疑，这很令人不安！

狗狗的情况也是一样的：直线接近、眼神凶狠、会面时鼻尖对鼻尖，这些都是危险的信号。

瞧，我们跟狗狗实际上也没有那么大的差别，不是吗？

但是，如果我们有一天相遇，还是握个手吧，其他的就免了……

狗狗身上还有其他重要的肢体语言信号值得一提。"立毛"是"毛发竖起来"的专业术语，是指狗狗脖子后面或脊柱旁边的毛发竖立起来。这是一种情绪唤醒的标志，并不意味着好或者坏。这仅仅意味着狗狗的情绪被唤醒了，所以要对照当时的环境或者情境，确保这种举动不会变成令人讨厌的行为。当地公园或狗狗俱乐部的一些专家可能会说，如果狗脖子上的毛竖起来了，意味着产生了某种情绪，而如果它们脊柱旁的毛竖起来，又意味着产生了另一种情绪。这些都是"专家"说的话，咱们就笑而不语，继续往下看吧！

另一个例子是"摇摇马"。当两只狗狗在互相追逐玩耍的时候，它们的脊柱会做类似"摇摇马"的起伏运动。这个运动更容易让人联想到羊羔嬉戏而不是捕食者狩猎，有利于狗与狗之间的互动。

最后，有时你会看到你的狗狗或者其他狗狗俯下上半身，收起尖尖的牙齿，高举尾巴，这往往可以被理解为一种友好的姿态，旨在邀请其他狗狗一起玩耍。

替代行为是一种正常的犬类行为，它所代表的含义与实际情景无关。替代行为通常发生在狗狗因为两种矛盾的行为动机而纠结的时候，如“回避”还是“接近”。例如，一只幼犬想对一只成年犬打招呼，但它又有点害怕。这时你可能会看到它的替代行为，如梳理自己的毛发，或者突然发现了一个30秒前还不存在的痒点。替代行为为狗狗争取了评估现状的时间。还记得以前的场景吗？当你还是孩子的时候，你被数学老师问到一个很难的问题，你有时会做打哈欠、玩头发、挠头或靠在椅子上等行为。这些就是替代行为。狗狗常见的替代行为可能包括闻嗅、抓挠、打哈欠或自我梳理毛发等。

当两只狗狗在玩耍时，实际上它们是在演练一些非常重要的行

为，如喂食、打架、逃跑和性行为。历史上，在游戏中练习这些行为对野狗来说非常重要。当危机到来时，它们就可以熟练地做出所需的行为，以确保个体在群体以及物种的竞争中得以生存。

庆幸的是，如今这些行为并不像以前那样被经常性地调用，但是，基因仍然存在。元信号是狗狗在玩耍时发出的肢体语言信号，表示“这不是真的”。举个例子，德国牧羊犬在追赶苏格兰牧羊犬时说：“我追赶你是为了把你扑到地上，把你的重要器官扯出来吃了……但是事实上并非如此，看看我身体释放的元信号——脊柱起伏的‘摇摇马’动作，嘴巴微张，十分放松，瞧，我们只是在玩而已！”

请注意，压力并不总是意味着负面情绪。我们人类总是把压力说成是一件坏事。然而，这个词的真正含义只是指我们身体正在从完全平衡的中立状态转变为准备行动的状态。我们会感到压力可能是因为我们要去看我们最喜欢的乐队，也可能是因为挨家挨户推销的销售员又在按我们的门铃了。

兴奋和恐惧会对身体产生类似的生理影响。随着各种激素的释放，交感神经会被激活。狗狗表现出感到压力的肢体语言，可能是因为害怕打雷，又或是你要扔出它们最喜欢的玩具让它们去追逐。例如，我们来看一下下列这些潜在的压力信号：

- 嘴巴紧闭。
- 气喘吁吁。
- 呜呜叫。
- 耳朵向后拉。
- 舔嘴唇和鼻子。
- 替代行为。

如果这种压力是通过潜在的对抗产生的，那么就会有明显的信号。当我们哺乳动物受到威胁时，我们的身体倾向于站起来并向前倾斜。达尔文在他1872年的作品《人和动物的感情表达》一书中提到了这一点。如果狗狗以友好的方式向另一只狗打招呼，但另一只狗继续以威胁姿态向狗狗倾斜，或者表现出其他威胁性行为，你的工作就是赶紧将狗狗拉开，摆脱这种局面。

相反，当我们这些动物（包括狗狗）感到恐惧时，我们的面部表情和身体会向下收敛，并会想逃离感知到的威胁。相信你的本能，记住，我们人类也是动物。

能够辨认、理解并一一回应狗狗的肢体语言，不仅可以提高你和狗狗的沟通技巧，还能帮助你们建立更牢固的关系，让你们身心健康。

正如我在本章开始时所说的，沟通不始于说话，而是始于倾听。

# 第六章

# 坐下

Sit

狗狗坐下是什么样子?

无非是屁股着地（还能是什么呢？）。

为什么要教坐姿?

你知道吗，我都不记得上次我给狗主人教授狗狗坐姿是什么时候了，仿佛在我开始训练狗狗之前，它们天生就会坐一样。然而，我知道我必须经常改善狗狗的坐姿。每一次都是如此！

这不是让狗狗坐1分钟就可以参加“达人秀”的事！想要养成一个好的坐姿，仅凭这些是远远不够的。到目前为止，一个出色、可靠的坐姿是你能教给狗狗做的最重要的练习之一。

## 基本坐姿训练步骤

1. 拿出一个零食，让狗狗嗅一嗅。一旦狗狗开始被零食吸引，就慢慢地将零食举过狗狗头顶几厘米。当狗狗把头抬起，屁股开始着地的时候就说“真棒”，并把零食给狗狗。这里不要太贪心，我们希望狗狗逐步坐下，所以在这个阶段无须等狗狗屁股完全着地再给零食。

2. 重复上述动作，在狗狗放下屁股时说“坐”，并推迟称赞狗狗“真棒”，直到狗狗的屁股完全触地。确保你在说“真棒”的时候，狗狗的屁股仍然在地上。如果你说得太慢，狗狗可能会在你标记正确行为之前再次爬起来。“标记行为”是指你在狗狗做出正确行为时赞赏它，然后用零食强化此行为。给正确行为做标记非常重要，这能让狗狗清楚地知道何种行为能为它们赢得奖励。如果它们知道什么行为能带来奖励，那么它们就会更加容易在未来重复那些行为。我告诉我的客户，标记行为就像对发生的行为拍快照，然后你拿着照片对狗狗说："看到你在做什么了吗？这就是为什么你能得到奖励。"

3. 就这样！狗狗虽然养成了基本的坐姿，但要训练的内容还有很多。

在狗狗之后的一生中都要加强"3D"训练：延长时间（Duration）训练、分散注意力（Distraction）训练、延长距离（Distance）训练。

# 把"3D"加入到训练中

正如我前面所说的，坐下是你能教给狗狗做的最重要的练习之一。然而，你需要在很多地方验证它，不管是分散注意力、延长时间或是延长距离，只要有口令，狗狗就立马能实施坐下这个行为。注意，我希望你给狗狗发出一个行为的口令，而不是命令。在我看来，命令应该是双手叉腰，打扮成拿破仑那样的人发出的。口令相对来说是一个更好的词，可以给予狗狗更加积极的机会，而不是消极地下最后通牒。因此，让我们舍弃命令，用口令来帮狗狗做动作。

基于这一点，我给你举一个"3D"与坐下相关的例子（本书中很多技巧都适用于"3D"训练）。延长时间、分散注意力和延长距离真可以被称为"三位一体"。

延长时间：我们可能想让狗狗坐60秒，而不是1秒。

分散注意力：我们可能想让狗狗在宠物美容店里而不是在家里做"坐下"这个动作。

延长距离：我们可能想让狗狗在离我们20米时坐下，而不是在牵着绳子时坐下。

那么实际训练是如何进行的呢？

1. 按照基本的三个步骤进行训练，但当狗狗屁股着地时，等待1秒再说“真棒”，并不断强化这个动作。

2. 按照基本的三个步骤进行训练，但在狗狗屁股着地后等待2秒，然后是3秒，再是4秒，慢慢往上加。不要总是不断增加时长，要让狗狗猜测（从而发生互动）后面将是几秒钟。有时在3秒后强化，再延长4秒，然后是1秒，再是5秒，以此类推。对所有人来说，学习从来都不是线性的，狗狗训练也不应该如此。

1. 按照基本的三个步骤进行训练，让狗狗坐下，然后将你的手放在你的头上，如果狗狗保持坐姿，就说“真棒”，并强化这个行为。

2. 让狗狗坐下，然后抬起一条腿（你的一条腿）。如果狗狗保持坐姿，就说“真棒”，并强化这个行为。

3. 让狗狗坐下，抬起一条腿并拍拍你的头，如果狗狗保持坐姿，就说“真棒”，并强化这个行为。我们要教狗狗的是：无论周遭发生什么，即使有时环境发生变化，我们说“坐下”的含义是不变的，即只要狗狗的屁股着地，它们就会得到奖励。这都是验证行为的一部分，你可以在本章后面读到更多相关的内容。

4. 随着训练的进行，不断提高分散注意力的程度。如在狗狗坐下时，在狗狗旁边发出各种声音，分散狗狗的注意力。如果狗狗在这时仍能保持坐姿就对它说“真棒”，并强化这个行为，然后停止。此时，你可能就大功告成了。

与所有的“3D”训练一样，要逐步提高标准，每次都增加一点点难度。如果在任何阶段，狗狗在你说“真棒”之前从地上起身了，那也没关系，这就是训练而已。在下次重复时只要将你的标准降低一点点直到目标可实现，那么就会从那儿开始进步。记住：我们是在训练，而不是测试。

在狗狗坐下时，我们移开一段距离，然后返回，说“真棒”，并强化这一行为。

1. 让狗狗站在你的左手边。提示它“坐下”。当狗狗坐下时，将你的左脚留在原地，并将右脚迈开一步。数1秒钟，然后收回右脚。如果狗狗仍能保持坐姿，就说“真棒”，并强化这个行为。

2. 重复上述动作，但在开始时让狗狗站在你的右手边。保持右脚不动，然后左脚迈开一步，如果狗狗仍能保持坐姿，就说“真棒”，并强化这个行为。

3. 是时候迈开完整的一步了。把狗狗放到身旁，提示狗狗“坐下”。当狗狗坐下时，让你最靠近狗狗的脚留在原地，然后将另一只脚迈开一步。如果狗狗仍能保持坐姿，就将留在原地的脚并拢到另一只脚旁，这样你就离狗狗有了一步的距离（如果一步都做不了，那后面更远的距离将无从谈起）。数1秒钟，然后将两只脚退到狗狗身旁，如果狗狗仍能保持坐姿，就说“真棒”，并强化这个行为。

4. 如上所述，慢慢扩展到两步、三步、四步，以此类推。每次增加的步数最好长短不一，有时在长距离之后再来一个短距离训练，会让狗狗更加投入，更能参与其中。

1
2
真棒!
3
4
真棒!
5
6
真棒!
一步
7
真棒!
三步

尽可能地改变你训练的位置。有时狗狗在你左手边，你提示它坐下；有时它在你右手边，你也可以提示它坐下。在狗狗面对你时，让它坐下；如果你感觉良好，也可以在狗狗背对你时，让它坐下。如果这些你都顺利完成了，那恭喜你，你达到了坐下训练的“最高级别”！

在做任何训练时，如果狗狗感觉吃力，那么放弃“3D”训练中的一个。如果要加强训练强度，则增加“3D”训练中的一个。每次仅做出微小改变即可，不要太贪心！

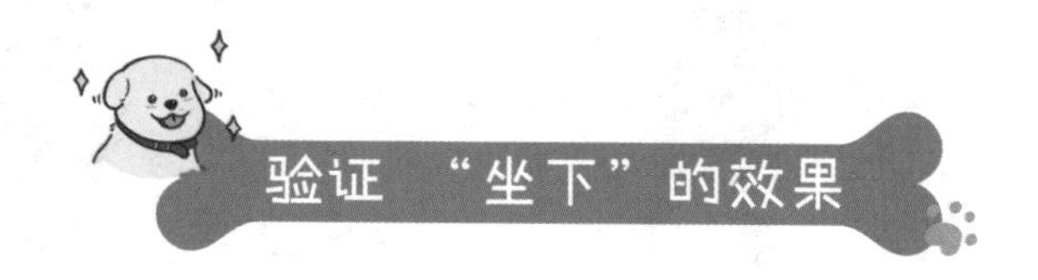

## 验证“坐下”的效果

“它在训练课上总能完成，但在家里却从未这么做过。”这是我在训练班上经常听狗主人说的一句口头禅，这是因为他们还没有反复验证“坐下”这种行为的训练效果。验证训练效果能帮助你在任何场景下提高训练口令的流畅性和可靠性。

不要只在一个地方训练，要将训练应用到各个场景并尽可能使其可靠。在不同地点进行训练，才能尽可能体现训练的价值。要有创造性，唯一限制你的就是你的想象力！

让你的狗狗像机器一样听从“坐下”的口令！（请注意：反复验证“坐下”的效果必不可少）当你愿意拿出100元赌狗狗会按照你的要求坐下时，便可以开始将这种行为转移到更多、更现实的场景，例如：门铃响起→你带着狗狗去开门（开始时牵着狗狗）→你打开门→看到访客→你让狗狗“坐下”→狗狗坐下并保持坐姿→客人走进来俯下身子跟狗狗说“你好”等，以强化此行为。在早期训练中，俯下身子跟狗狗打招呼是非常必要的，因为它可以消除狗狗跳起来的欲望。

# 教会狗狗自动坐下

## 只要狗狗自动坐下就会得到奖励

我们希望狗狗能够这样想：

- 如果我感觉有疑问，那就“坐下”。
- 如果我认为有什么好东西在等着我，那就“坐下”。
- 怎样才能让主人给我零食吃？哦，对了，“坐下”。
- 怎样才能让老奶奶跟我打招呼？

  “坐下”是个好办法！

起初训练狗狗坐下时，可以用零食诱使狗狗抬起头，并在狗狗屁股着地时，跟它说“真棒”，同时用零食奖励它。

如上所述，在几次训练中获得满分。

1. 使用如上诱导方法。在狗狗屁股着地前的一瞬间，跟它说“坐下”，当狗狗坐下时，说“真棒”，并按照如上方法给它零食。

2. 当你能完美地达到第1阶段的要求时，每天做3次，持续2天。然后转入第3阶段。

3. 准备5种零食。诱导狗狗坐下，并发出“坐下”的口令。当狗狗坐下时，将零食扔远，使狗狗能够跑起来去捡零食，然后跑回来，通过这样的方式加强练习。一旦狗狗回到你身边，就让它“坐下”，并称赞它。 然后把食物扔远，不断加强这种训练。

反复几次后，当狗狗回到你身边时，你就站在原地不动，不要大幅度改变身体站的位置，狗狗以前看到你是什么样，现在就是什么样，但是不要再对狗狗发出“坐下”的口令。这时狗狗就开始陷入思考了……

主人为什么不扔食物？我怎样才能让她扔食物？上次是什么让她将食物扔到地面上……哦，对了！只要我的屁股一着地，主人就说“真棒”，接着扔出食物，然后等着我跑回她身边，再次将毛茸茸、圆滚滚的屁股放到地上！

4. 现在是该带它“上路”的时候了。让其他人来完成之前一样的训练。不断取得成功后，再换个地方训练。做的时候，增加一些其他干扰项，并将训练时间（狗狗坐下到你说“真棒”之间的时间）延长。

在不同地方训练狗狗自动坐下，让狗狗明白只要坐下，就会有好吃的，并会有美好的时光。

## 案例研究：坐下来才是真的？

我记得在一次训练课上，我碰到了英格兰国际足球运动员，全能的西奥·沃尔科特和他的狗狗迪塞尔，一只漂亮的黑色德国牧羊犬。西奥对狗狗迪塞尔有一长串的训练愿望：

1. 跟人打招呼的时候不要扑人。

2. 不要在喂食时“打劫”我。

3. 在玩寻回游戏的时候，当我想要捡起网球时，不要又把网球叼走。

4. 即使是和其他狗狗一起玩，离开公园时也要果断一点，不要拉都拉不动。

针对上述情况，以前（没有成功）给迪塞尔发出的4个口令是：

- 不想狗狗在跟别人打招呼时扑人，就说：“不”。
- 不想狗狗在喂食时“打劫”我，就说：“下去”。

- 不想狗狗在玩寻回游戏时，叼走别人想捡起的网球，就说：“放下”。
- 不想狗狗在与其他狗狗玩耍后准备离开公园时恋恋不舍，就说：“过来”。

然而，这充其量是给迪塞尔四个不同的口令，要想这些口令真正产生效果，就需要大量的训练来不断巩固成果。不过说实话，我真的不喜欢“不”“下去”“放下”这些口令。这三个口令都没有告诉狗狗你真正想要让它做什么。这些口令是非常模糊的要求，狗狗几乎不可能知道你想要它做出什么行为。

在向狗狗发出口令时，始终要知道口令对应的行为具体是什么。想一想在什么情况下你可能本能地想对狗狗说“不”“下去”“放下”，然后对自己描述这个场景。

如果你是以“我希望狗狗不要……”开头，那赶紧停下!

“不要”做某事并不是一种行为。

- 不要扑人!
- 不要跳起来夺狗盆!
- 不要捡路边的食物吃!
- 不要抢球!
- 不要与其他狗狗一起跑开!

任何以“不要”开头的句子都不是我们该发出的口令。

为什么？因为它没能通过“死狗测试”。

## 死狗测试

如果某种行为一只死狗都能做到，那么它就不是你该发出指令让狗狗去做的行为。

例如，死狗不会扑向你。死狗不会抢夺食物（如果它能抢夺食物，那就是一只僵尸狗。太可怕了，快跑）。

道理其实很简单：要求狗狗做你希望它们做的事，而不是你希望它们不做的事。这样训练起来思路就更加清晰明了。

回到西奥和迪塞尔的训练困境中，我更崇尚简单的训练方法，所以我总是会问自己或客户：

1. 如果口令更简单一点，会是什么样子？

2. 哪种练习可以以一当三，只用一种练习就能取得最好的效果？

就这个案例而言，答案很简单——线索就是本章的标题——“坐下”！

跟人打招呼的时候不要扑人。

冷静下来，教迪塞尔只有在它屁股着地坐下时，人们才会跟它打招呼。在这时，“坐下”就是行为，随后的招呼“你好”就是强化。

不要在喂食时“打劫”我。

冷静下来，在准备和放下迪塞尔的食物时要求它坐下。

🐾 在玩寻回游戏的时候，当我想要捡起网球时，不要又把网球叼走。

在你去捡网球之前要求迪塞尔坐下。如果它跟你同时扑向球，那么你就需要延长它“坐下”的时间。（见第65页的“3D”训练）

🐾 即使是和其他狗狗一起玩，离开公园时也要果断一点，不要拉都拉不动。

在远处要求迪塞尔坐下，走过去，拉上绳子并加大强化力度。

有时可以放开迪塞尔的牵引绳，跟它说“去玩吧”来强化坐姿。它会更加爱你，并且它会明白坐下并不总是意味着游戏结束。

当然，对于西奥和迪塞尔来说，这意味着在不同场景和环境中进行大量的坐姿训练，同时通过分散迪塞尔的注意力，延长时间和距离来验证训练效果。这在时间上是一个挑战，因为作为国际足球运动员的西奥并没有大量的训狗时间。不管怎么说，西奥自己表现得特别好，而且最妙的是，这些问题的解决方案都是围绕着一个基本姿势“坐下”来进行的。

正如著名电影演员李小龙曾经说的：“我不怕会一万种招式的人，我只怕把一招练了一万遍的人。”

非著名训犬师史蒂夫·曼恩也说过：“不要相信参加了一千种训练的狗狗，而要相信把一种训练项目做了一千次的狗狗。”

# 第七章

# 嘴巴礼仪

## Mouth Manners

## 狗狗牙齿简史

狗狗在2～3周大（发育的过渡阶段）时开始长牙。

在这个关键阶段，狗狗的身体发生了很多变化：它们的耳朵和眼睛开始打开，也开始逐渐摆脱对母亲的完全依赖。到21天大时它们开始站立和行走。一旦它们会走了，它们就会开始用眼睛去探索世界，开始跟兄弟姐妹嬉戏打闹。

狗狗这时正处于学习玩耍、探索世界和生命的启蒙时期。因此，它们需要锋利的牙齿来帮助它们探索世界。

在这个年龄段，狗狗的下巴没有多少力量，所以它们的牙齿需要超级锋利才能从世界上获得它们想要的反应和信息。在狗狗接近12周大时，它们的下巴会变得更结实，这时这些乳牙就会开始被42颗成年牙替代。（18周大是你开始需要在家里穿最厚的袜子的时候，因为当你踩到那些掉落的乳齿时，你会感觉非常痛，与狗狗的乳牙相比，乐高积木的硬度就像是棉花糖！）因此，在我们谈论嘴巴礼仪之前，请记住，狗狗的嘴里有很多门道。

## 嘴巴礼仪

我知道狗狗咬人会很痛，我也领教过，但这不会成为常态。狗狗咬人时是它学习的机会，也是你教育它的机会。说真的，要不是狗狗那么可爱，我们永远都不可能原谅它们给我们身上带来那么多伤疤！好吧，总得有点好处让我们内心平衡一下，因为它们那像小陆鲨一样锋利的牙齿已经咬过我们的手、脚踝、鼻子以及其他娇嫩的身体部位无数次了。

以下是如何将狗狗的咬人行为减到最少的办法。如果你有一只喜欢咬人的狗狗，那么第1个规则就是不要在狗狗精神亢奋时去招惹它们，这样你会功亏一篑。因为兴奋会抑制学习。如果在狗狗不愿意被招惹时抱起它们，它们就会咬你一口，而你在被咬后可能会把它们放下。所以，狗狗刚才学到了什么？那就是咬人是有用的！

当狗狗放松的时候，轻轻抚摸它们，给玩具让它们玩耍并亲手给它喂美味的零食，都会使狗狗对我们更加信任。它们会喜欢玩具，会享受与你在一起的乐趣，并且希望这一切不会消失。

如果狗狗忘记了这一规则，并用牙齿咬了人（身上任何地方），请立即说："坏狗狗"，然后走开。

这里要重复的一点是：狗狗和我们一样，可以通过行动的后果来学习。我们绝对不要给狗狗任何惩罚（绝对不行），例如喊叫、拍打它们的鼻子等，来作为狗狗咬人的后果，但我们可以通过移除它们喜欢的东西来达到训练效果。在这个场景中，你就是它们喜欢的东西的来源。

这时，教训就变成了：

适当的行为＝你和"喜欢的东西"就会留在狗狗身边；

不适当的行为（即咬人）=你就会离开。

因此，你只需走出房间2~3分钟就足够了。当你回来时，你可以再次温柔地与狗狗开始互动。这时一个柔软的毛绒玩具对于狗狗来说就是个很好的啃咬玩具，足以替代你的手。

通过足够次数的重复，狗狗将学会做那些能带来奖励的行为，停止做那些让好东西消失的行为（比如咬人）。这需要以实事求是的方式进行，绝不能带有任何情绪或责骂的态度。

不要紧张，这很正常，虽然有时手会被咬得很疼，但这些行为很快会停止。

这一切不会在一夜之间发生；训练是一个过程，而不是一个结果。

要保持信心。

问：咬胶玩具何时不再是咬胶玩具？

答：当狗狗找到更好的东西来啃咬的时候！

狗狗啃咬的原因有两个：出牙和探索。你需要理解并重视这两点，因为对狗狗的啃咬行为大声吼叫或责备并不会带来任何好处，只会让它们感到不安。

你是否见过人类婴儿在出牙所经历的痛苦？他们因为20颗乳牙在小嘴里冒出来而整天哭闹，承受着压力和焦虑。现在，把这种痛苦翻倍，你就能体会到狗狗在长42颗恒牙时所承受的压力了。这些恒牙努力生长，以破竹之势顶掉那些不再需要的乳牙。对狗狗来说，这段幼年时期并不是一个愉快的经历。而且请记住，它们无法告诉你它们有多痛苦。

啃咬对于狗狗来说有两个好处：

1. 有助于减轻换牙的压力。

2. 有助于替换乳牙。

这个行为我们称其为啃咬，另一个更富同理心的描述则是缓解疼痛。狗狗啃咬任何东西都是完全正常的行为。当狗狗在啃咬时，为了缓解压力，大脑会释放大量内啡肽，让狗狗感到愉悦，进而放松和冷静下来，就像有些人在他们有压力时也会咬自己的指甲一样。所以，狗狗啃咬家具是非常正常的行为。

促使狗狗“啃咬沙发”的另一个动机是探索。所有婴儿都需要尽可能多地探索以尽快熟悉大千世界。我们人类的宝宝通常会

伸出手来，用手触摸一切可以触摸的东西来感受世界。狗狗没有这样的触摸方式（如果有的话，那它们看起来该有多奇怪啊），因此，狗狗会用嘴和牙齿去探索一切事物。注意，我说的是一切事物。

我们的工作不是要让狗狗停止啃咬。我们必须接受的是狗狗有每天啃咬4个小时的权利。你需要决定的不是“可不可以啃咬”，而是“啃咬什么”？

因此，我们的工作是每天给狗狗提供尽可能多的“合法”啃咬物。

| “非法”啃咬物 | “合法”啃咬物 |
| --- | --- |
| 电缆 | 漏食球 |
| 地毯 | 绳索玩具 |
| 人 | 磨牙棒 |
| 桌子 | 宠物店的安全啃咬食物 |
| 墙壁 | 合适的玩具 |

我们将采取双管齐下的应对方法：控制和管理（前面提到过很多次了，见第8页），并提供替代的物品。就啃咬这个话题来说，控制和管理意味着不给狗狗练习这种行为的机会。例如，不要让狗狗单独待在你不希望被啃咬的区域。

- 如果狗狗啃咬家具而你没有看到，那是你的责任。
- 如果狗狗啃咬电线而你没有看到，那是你的责任。
- 如果狗狗啃咬墙壁而你就在旁边看着，那你是不是有什么毛病？

简而言之，不要让狗狗练习（从而得到强化）啃咬任何你不希望被咬的东西。如果哪天你没有时间看护狗狗，那么就把它们放到狗窝里，让它们看看“狗窝巫师”是不是来过了（如果你已经忘记了“狗窝巫师”，那么请看第17页）。

因此要不断提供“合法”的啃咬物。如果狗狗想要（也有权利）啃咬，你绝佳的控制和管理方法是提供“合法”啃咬物，这将会避免你的家里遭到“毁灭”。

## 额外的工具：积极打断

信不信由你，有时候，你可能会发现狗狗在做一些你不希望它们做的事情。例如，你已经追了狗狗一整天，你特别疲劳。现在是晚上8点，你刚坐下来看电视，想给自己10分钟的放松时间。狗狗在地上环视着房间，正当你呼出一口气，想在沙发上放松一下时，你看到它们在餐厅的桌腿间徘徊，狗狗闻了闻那结实的木腿，然后轻轻地把它们的小嘴放在桌腿周围，狠狠地咬一口……哒哒哒！

现在还不是让狗狗立即停止的时候。

这不是狗狗的错。

从来不是。

狗狗得咬它们不得不咬的东西。

现在是采用我们训犬师所说的条件性“积极打断”的时候了。我仿佛听到你在说，“这到底是什么意思？”

不要惊慌！

从狗狗的角度来看，积极打断是它们听到的一种特别的声音。只要它们听到这个声音，就会放下手头的事，直接奔向声音的源头，因为那里有好东西！

从你的角度来看，积极打断是一种友好的声音，可以帮助狗狗停止它们正在做的事情而去做一些更有建设性、更合适的事情。

比如说：

1. 狗狗在啃咬家具。

2. 主人发出积极打断的声音。

3. 狗狗会立即忘记自己正在做的事，迅速跑向主人。

4. 主人给狗狗零食，并给它们一个更合适的玩具来咬。

但为什么积极打断比只是简单地说句“不”或者“停下”更好呢？首先，“不”这个口令是一种惩罚，它不会告诉狗狗该做什么，同时也会不利于你与狗狗之间关系的建立。它可能会让狗狗感到害怕，也可能会让我们心情不好。此外，我们不会笨到只能用生理或心理上的恐吓来阻止狗狗做出令我们讨厌的行为，对吧？

关键是，如果你只是说“不”或者“停下”，狗狗就会知道，当你不在那里时，坏的惩罚就不会发生，所以当你不在时，啃咬家具也是可以的！

## 让积极打断成为超级强大的肌肉记忆

选择一个简短的声音。一个很难在愤怒时使用的声音，如“呀呼”或者“哇呜”。然后将这个声音练习若干次，使其具有真正强烈的积极情绪反应。接下来你该如何做呢？

1. 让狗狗在你身边。

2. 说“哇呜”并在1秒钟内给狗狗一个好吃的零食。

3. 在几天的时间里，在不同的地方多次重复这个行为。

4. 只要正确重复的次数足够，狗狗在听到“哇呜”时，就会忍不住放下手中的事，并向你跑去。

5. 在训练积极打断时，请确保先发出声音，再给予狗狗零食。在声音发出之前，不要让零食出现在狗狗眼前。声音才预示着零食，而不是其他事物。

当我在帮助狗主人解决狗狗问题时，有时我只需要简单解决表面症状；有时需要进一步深挖，解决根本问题；有时则是两者兼而有之。表面症状是它们在做的事，而根本问题是它们为什么要这样做。

例如，如果狗狗啃咬家具是因为老套的出牙问题，那么我就直接解决症状——啃咬问题。我只需要尽量不让狗狗接触到家具，同时提供大量啃咬的替代品就可以了。

然而，如果在与狗主人进行了简短的沟通之后，我觉得狗狗啃咬是因为它们根本无事可做，那么我就需要解决其根本问题。产生问题的原因很可能是因为无聊或是因为缺乏生理或心理的发泄口。我们不会直接解决啃咬问题，而是采取更全面的方法，即养成良好的生活习惯和安排日常生活计划，让这个问题得到根本解决。这种生活计划将包括每天为狗狗提供更多有规律的活动，如游戏、训练、嗅探和其他好玩的活动，以满足狗狗的需求，让狗狗只是为了好玩才啃咬家具的这种行为不再出现。

## 案例研究：要不要试试黄芥末酱？

大约20年前，我被叫去伦敦市托特纳姆区做家访，帮助一名男子，用他自己的话说，他的边境牧羊犬正在“啃掉”房了！当我到达时，这位先生在前门迎接我，他笑着说：“啊，你一定是训犬师。不用麻烦您了。我想我们已经把这个问题解决了！”

不，亲爱的读者，他们并没有真正“解决问题”。

他们所做的只不过是把大多数的墙壁和家具都涂上了黄芥末酱。芥末！芥末的味道真是太浓了，让我直流眼泪。这简直就像有人在芥末房里用芥末酱沐浴了一样。

狗主人："我在公园里的朋友知道了我的狗狗的情况，他告诉我可以用黄芥末酱试一下。"

我："嗯，他可能'了解狗狗'，但他肯定不了解室内设计吧？"

在同意擦掉所有的芥末酱后，我们做了下面这些事：

生理和心理的发泄口：我们商定了一个计划，让他的边境牧羊犬的身心得到足够且定期的发泄，以确保啃咬行为并非纯粹出于无聊。发泄的形式主要是定期散步、在花园里玩寻找食物和玩具的游戏、在花园里进行简短的训练，以及给它玩喂食玩具如漏食球，让它"合法"、安全地啃咬。

控制和管理：确保狗狗在家中时，有人看管它。如果没有人看管，就将它放到狗窝里，那里是适合狗狗放松的好地方。

提供大量可替代的"合法"啃咬玩具：有的狗狗喜欢坚硬的啃咬材料，比如硬橡胶或塑料，而有的狗狗可能会喜欢软软的东西，比如软橡胶或绒毛玩具。请确保狗狗在啃咬玩具时，有人在旁看管，以防玩具被撕成碎片，被狗狗吞进去。同时也要确保为它们提供各种质地的玩具，以适应它们不断变化的需求和对新奇事物的渴望。

这个案例的寓意是：无论狗狗的啃咬情况有多糟糕，芥末酱永远解决不了问题。

第八章

# 社会化

Socialisation

作为人类，我们把狗狗带到我们的世界，让它们居住在我们家中，按照我们的规则行事，这些要求已经很多了。我们最起码应该做的是让它们感到安全，并享受这个被我们占据的奇怪星球。最大限度地适应和享受这种共同经历的关键就是社会化。

社会化是个看起来很大却很简单的概念。它主要指的是尽可能为狗狗创造各种积极、安全且愉快的体验，在它们的生活中尽快建立起强大的社会化免疫力，以避免以后在生活中出现可怕的意外经历。

社会化活动多的狗狗在异常情况下更能适应各种不同环境。通过对军犬、警犬、导盲犬、辅助犬以及宠物犬的研究，也一再证明了从幼年开始就进行各种社会化活动的狗狗更健康、更快乐、更容易训练，也更容易相处。

那么，何时是开始让你的狗狗接触社会的最佳时机呢？就是现在！

信不信由你，在幼年期，狗狗的感觉远比它的行为重要。有时，作为主人和训练者，我们可能会太执着于教导狗狗的良好行为（如“坐下”和“趴下”），而忽略了我们应该将更多的时间用在帮助狗狗建立与周围世界的良好联系上。因此，请记住这句非常重要的话：对狗狗来说，安全远比服从重要。

当然，在本书中你将看到所有我想让你尽快教给狗狗的训练，但是除非狗狗感到安全，不然你的训练技巧将会毫无作用。如果狗狗在所有环境中都感到安全、快乐和自信，那么在此基础上进行的训练，远比那些在同样环境中感到焦虑或缺乏安全感的狗狗训练起来要容易。

我们不要本末倒置，要确定好先后次序。你有好几年的时间来教授花样技巧（如果你真的需要），但你只有几周的时间来教狗狗如何成为一只自信、乐观的成年狗。

从现在开始吧！

最有价值、最宝贵的时期是狗狗3~12周大的时候。虽然社会化确实是一个持续的过程，贯穿狗狗的一生，但是随着狗狗的成长，给予狗狗正面影响的效力就会一天天减弱。

因此，让我们回顾一下狗狗出生时的情况。狗狗从出生到2周大的这段时间被称为“新生儿期”。一般来说，此时的狗狗就像一堆湿漉漉、毛茸茸的鼻涕虫。在这个阶段，狗狗差不多90%的时间都在睡觉，因为它们几乎把所有的能量都用来长身体了。它们唯一起作用的感官就是嗅觉、味觉和触觉。狗狗通过这些感官来向妈妈寻求食物、温暖和保护，其余的时间都需要慢慢发育。如果我能回到过去，我就想回到新生儿时期——那是多么美好的时光啊！

接下来是“过渡阶段”，也就是狗狗2~4周大的时候。这时它们的耳朵和眼睛刚刚打开。到第15天，它们就可以站立了。1周后，它们可以走路了（尽管走得像喝醉了一样，踉踉跄跄的）。这时狗狗逐渐开始摆脱对母亲的完全依赖，开始玩耍，开始出牙。

第三阶段被称为“社会化阶段”，也就是狗狗4~12周大的时候。这个阶段实现狗狗与饲养者之间的“初级社会化”（还有与它妈妈、兄弟姐妹和周围环境的交流）。这是一个好机会，狗狗可以通过游戏或者其他互动与妈妈和兄弟姐妹建立积极、良好

的关系。

理想情况下，狗狗在生养它们的地方会有大量机会接触不同的场景、声音，感知不同的质地和气味，这十分有助于推动“社会化”进程。

当狗狗开始接触到新家和外界的每个人和每件事时，狗狗的“第二个社会化”阶段就开始了。很有可能，狗狗直到7~8周大都一直与饲养员待在一起。当你接狗狗回家时，它们通常已经获得了一定程度的独立性，可以离开同窝的兄弟姐妹独自生活，而这时它们的妈妈则开始失去哺育狗狗的动力。所以这个时间自然而然就非常适合迎接狗狗回新家。

尽快让狗狗和自己一起出去走走，让狗狗尽可能多地接触不同的环境，并让它们学习和体验这个世界的美好。当然这一切不会自动发生。这需要你付出一点时间和精力，但是整个过程对于你和狗狗来说应该都是有趣的。

社会化是一项紧迫的任务，虽然我不喜欢夸张，但它确实关乎生死。每天都有狗狗因为“行为问题”而被安乐死。关于这一伦理问题我们可以留到另一本书再讨论。但是不管怎样，一只社会化程度高、受人喜爱、训练有素的狗狗，人们不会害怕见到它。

希望你现在能明白为什么社会化如此重要，以及你应该何时开始社会化训练，所以现在该谈谈怎么进行社会化训练的问题了。让狗狗在12周大之前接触世界上的一切事物几乎是不可能的，但好消息是，你做得越多，狗狗社会化就越容易，从中受益就越多。

对于狗狗社会化，要做的事还有很多，所以先让我们把社会化目标细分成两个概念：“环境”和“事物”。环境就是指一些地方（如充满各种食物的地方），而“事物”就是高级训犬师所说的“刺激物”。刺激物是一种可以唤起反应的东西。狗狗对这些刺激物的反应是由它们的情绪和它们的社会化程度决定的。例如，狗狗对敲门声的理想反应可能是摇摆尾巴，以表示对访客的期待。而狗狗对敲门声的敌对反应则可能是发出令人毛骨悚然的吠叫并快速移动到窗前，以警惕敌人的到来！

因此，狗狗社会化训练的第一要素首先是“环境”……

## 狗狗需要接触的环境

我留下了一些空白的方框，你可以根据狗狗的情况来填写，所以快拿起笔，行动起来吧！

| 环境 | 景象 | 声音 | 气味 | 触感 |
| --- | --- | --- | --- | --- |
| 超市外 | 旋转门<br>货车<br>小推车 | 刹车声<br>交谈声<br>广播声 | 柴油味<br>面包味<br>香水味 | 迎宾垫<br>沥青碎石路面<br>低矮砖墙 |
| 学校门口 | 孩子们奔跑<br>冰激凌车 | 学校铃声<br>孩子们的叫喊声<br>冰激凌车<br>汽笛声 | 学校垃圾桶的气味<br>冰激凌的气味<br>汽车尾气的气味 | 人造草坪<br>草地<br>人行道 |
| 户外烧烤区 | | | | |
| 足球比赛场 | | | | |
| 户外市场 | | | | |
| 宠物店 | | | | |

最后，我想简单说一下狗狗的嗅觉。我们只能想象狗狗是如何通过它们的鼻子来体验世界的。我们的鼻子里有500万个嗅觉受体，但狗狗鼻子里有2.2亿个嗅觉受体！它们能闻出1吨水中混入1滴尿液的味道。如果你走进一家面包店，你就会闻到香喷喷的刚出炉的面包味道，非常美味。然而，狗狗进入面包店后，它们会闻到面粉、水、糖和香水的味道，会闻到停在外面的汽车的味道和送货司机身上的油烟味，还会闻到我们鞋子上的味道、婴儿尿布上的味道，以及顾客早上抽烟留下的味道。各种各样的味道无时无刻不在冲击着它们的嗅觉。而与此同时，我们这些人类只能走进去说：“嗯，是甜甜圈的味道。”所以永远不要低估嗅

觉对狗狗体验世界和进行社会化的重要性。

现在我们来说说“事物”或者说“刺激物”……

当然，除了狗狗明显看到的景象之外，声音、气味和触感跟时间因素一样，在社会化过程中同样重要。狗狗不仅需要在白天接触这一切，在夜晚也同样需要。

## 狗狗需要接触的刺激物

| | |
|---|---|
| 人 | 老人、孩子、吵闹的人、安静的人、运动中的人（正在跑步、玩耍）、静止的人（正在静坐、阅读）、不同国籍的人、不同服饰的人、不穿衣服的人、青少年、戴眼镜/太阳镜的人、不同性别的人、穿制服和戴帽子的人、白天的人、夜间的人 |
| 交通工具 | 小轿车、货车、公共汽车、轻轨、地铁、自行车、三轮车、卡丁车、手推车、滑板、轮椅、拐杖 |
| 动物 | 幼犬、成犬、牵绳的狗、没牵绳的狗、静止的狗、运动中的狗、公狗、母狗、绝育过的狗、未绝育的狗、猫、兔子、鸡、室内的动物、室外的动物（如羊、牛、鸟、马） |
| 气味 | 香水、烹饪食物、烧烤、香烟烟雾、垃圾箱、篝火 |

（续表）

| | |
|---|---|
| 触感 | 沙子、水、金属、砖头、纸张、泡沫包装、聚乙烯、木头、瓷砖、橡胶、光滑的东西、粗糙的东西 |
| 天气 | 刮风、雨天、晴天、下雪、打雷、闪电、冰雹 |
| 不同高度（注意安全） | 墙上、头顶上、桥上、桥下、俯视的地方 |

## 让狗狗学会与人相处

当然，让狗狗感觉到与他人相处的舒适性是非常重要的。但另一点也很重要，那就是狗狗不应该在公园里跑来跑去，像幼儿去拍打自动售货机一样，或用身体去撞击陌生人。

所以明智地使用零食很重要。

设置一些情境，让狗狗接触各种各样的人，但不要让其他人给狗狗零食，记住，零食的来源必须是你。要让狗狗意识到有其他人在场时，好事也会发生，但是为了赢得头彩，它们还是要听从你的口令，这样它们就不会用爪子抓陌生人或者扑向陌生人。

所以，你现在有了一份狗狗的训练清单，在开始训练前一定要记住：社会化是一个过程，无法一蹴而就。在这个阶段，你对狗狗要做的事是巩固你们之间的关系。狗狗需要对你产生信任，相信你不会把它们扔到可怕的环境中，弃之不顾。如果训练有点繁重，那它们需要建立安全感和信心，相信你会照顾它们，随时保护它们的安全。打个比方，如果我们知道有个好朋友一直在我们身边，在需要的时候帮助我们走出困境，那我们也会更加乐于探索世界。

如果你打算带着狗狗前往购物广场或学校门口，不要急于让它们靠得太近。在安全距离内，先观察反而会起到比较好的效果。只要让狗狗远距离观察，让它们听到声音和闻到气味，不要给它们太大压力就好。一开始就保持安全距离，然后随着狗狗信任度的增加逐渐缩小距离，这样远比因为距离太近，让狗狗产生不好的体验而被迫后退好。整个过程可能需要重复20次，狗狗才能不再感到陌生。

在你冲向公园或者中心花园之前，有个词必须记住，那就是：选择。对于我们所有人来说，在新的环境中选择非常重要。打个比方，我在自己房间里，看到地板上有一个奇怪的包裹，如果我知道在任何时候我都可以选择后退，我就会更有信心去探索它。反之，当我接近包裹时，我听到身后唯一的门砰的一声关上了，那我就会更加警觉和紧张，因为如果有可怕的情况发生，我没有办法逃脱。

缺乏逃跑路线会减缓我探索的速度。从狗狗的角度看，缺乏选择会降低它们探索的意愿，减缓它们社会化的进程。别忘了，社会化的窗口期是最重要的。

那么，我们如何才能让狗狗知道它们有选择的权利呢？在探索新环境和新事物时，尽可能地在安全的情况下，避免用过紧的牵引绳束缚或者限制狗狗的行动。你可以用一条细长的绳连接狗狗的胸背带，以确保它们感觉不到束缚或限制。这样它们就可以按照自己的节奏在需要的时候前进、放慢脚步、停止甚至是后退。

为了加强这种选择感，你在这里的重要作用就是始终陪伴在狗狗身边，在它们探索的过程中支持它们。如果狗狗抬头看向你，你可以随时给它们吃点零食，或者只是帮助它们在接触新生事物时克服传说中的“障碍”。你的任务就是让狗狗获得愉悦的体验，并且让它们对这个充满新奇事物的世界产生美好的联想。但也不要给狗狗喂太多零食。我们希望的是它们对周围的环境有一定的认识，即让它们花时间观察、倾听以及全身心投入到这个环境中。如果我们无休止地给它们供应零食，那它们可能就会专注于食物的味道和气味，反而不会尽全力去探索周围的世界，因为它们不用花多少力气就可以获得零食。话虽如此，食物还是可以帮助狗狗建立美好联想，强化你希望狗狗做出的行为，并使得每次外出活动都尽可能变得愉快和有益。

所以，在回家的路上给自己买个冰激凌吧，你也应该得到一点奖励。

为了从社会化中获益，并让狗狗保持自信、乐观的态度，我们在这里主要使用两个方法，即“脱敏”和“建立积极的联想”。

## 脱敏

脱敏是指我们让狗狗在接触新的事物或新的环境时，保持良好、安全的距离，这样它们就不会感到不知所措、害怕或过度兴奋。只要狗狗不会对新事物或新环境感到不安，就可以拉近距离，增加强度，直到狗狗完全不受影响为止。脱敏的最终目的就是让狗狗对新事物或新环境没有任何特别的情绪反应，让狗狗觉得这些只是“家具的一部分”。它们会慢慢习惯这一切，心里想着：“车来车往？这都不是事儿。自行车？哎呀，随便吧，见怪不怪了。”

像前文所说，你越是善于观察和解读狗狗的肢体语言，训练和互动的效果就会变得越好。脱敏训练的诀窍就是不要仓促行事，要始终关注训练的强度，强度足够低（在训犬领域我们有时称为“低于阈值”）才能确保狗狗处于放松状态。要做到这一点，就要把自己变成一个“肢体语言专家”。如果你看到以下的任何迹象，那就表明狗狗可能承受了过多的压力，这时候你也许可以巩固一下现在的成果或者复习一下以前的东西，让狗狗放松一点。

- 伸出舌头，舔上嘴唇。
- 睁大眼睛，放大瞳孔。
- 过度喘息。
- 夹起尾巴。
- 紧皱眉头。
- 蹲下身子。
- 举起一只爪子。
- 发出声音。
- 盯着刺激物看，眼睛一眨也不眨。
- 转过身去，故意不看刺激物。
- 躲在你身后。

正如我之前所说的，上述肢体语言的迹象只有在你仔细观察并作出反应的情况下才会产生交流的价值。

1. 不要让你的狗狗处于压力之下。

2. 慢慢来，缓解狗狗的压力，默默走开。

3. 下次如果你与狗狗处于类似环境时，请确保在最开始的时候保持足够安全的距离（如果足够安全，在狗狗眼中是可以看得出来的，所以要研究狗狗的肢体语言），并按照下面所描述的方法，建立积极的联想。

建立积极的联想，或者说“训练”狗狗喜欢某样东西，对狗狗有许多好处：它可以帮助狗狗对于特定情境感到愉快，它可以让你的生活不那么紧张，也可以使他人的生活更加轻松。这个方法非常简单，就是将一个物品或事件与狗狗喜欢的东西配对，使它们在未来遇到类似情况时，能以积极乐观的态度应对。

例如：在接下来的几年里，你肯定要带狗狗去宠物医院检查身体。

这件事做起来可能很难，也可以很简单！

如果我是你，我明天就会打电话给宠物医院，询问是否可以在接下来的几周内每隔一段时间就带着狗狗去趟宠物医院，并给狗狗零食作为奖励，让狗狗提前适应宠物医院的情况。如果他们说可以，那么继续做下去吧！

如果他们说不可以，那就把这桩生意送给另一家宠物医院。

当你带着狗狗去宠物医院时，你要先进门并确保候诊室里没有可能让狗狗感到害怕的动物（或者人），再让狗狗跟进去，否则你可能会让它们产生完全错误的情绪联想。

走到宠物医院的门口，一进门就给狗狗零食、零食、零食……就像开一个小型派对一样，不断给狗狗零食，持续几秒钟……然后到外面去。

到了外面就不再给狗狗零食吃，你要让狗狗把“好吃的东西”与进入宠物医院联系起来。

等待片刻，然后再次带着狗狗返回宠物医院，一旦你们再次进入宠物医院，你就不断给狗狗零食吃……

一旦你重复做了几次这样的训练，你会发现狗狗很热衷于再次进入宠物医院。在最初的几次训练中保持简短而愉快的体验感，然后随着狗狗慢慢熟悉宠物医院，你们就可以在里面停留更长的时间。接着你可以延长给狗狗喂零食的间隔时间，这样狗狗就可以有更多的时间去适应宠物医院的环境——熟悉接待人员，熟悉药品和消毒剂的气味，熟悉电话的声音，熟悉瓷砖地板的触感，等等。

你会开始注意到，只要你们接近宠物医院，狗狗就会摇着尾巴，露出期待的眼神——它们正在寻找并期待好东西的来临。很好，对宠物医院的积极联想已经建立。（注意：如果你对把未接种疫苗的狗狗放在宠物医院的地板上有任何顾虑，那么你只需抱着狗狗，再次经历同样的适应过程，相信这完全没有问题。）

对于每一次重复，只要狗狗保持乐观的态度，那么狗狗在未来就可以慢慢适应更多的新环境，比如当兽医护士触摸狗狗的耳朵时，你就给狗狗喂零食；当兽医护士抓住狗狗的尾巴时，你也给狗狗喂零食，这样狗狗就会很享受在宠物医院里被人触摸。

通过同样的过程，帮助狗狗对以下这些情境产生积极的联想，让狗狗变得更加乐观积极：

- 进入狗窝
- 进入宠物美容院
- 洗澡
- 刷牙
- 进入狗狗学校
- 家里来了客人
- 去新的地方
- 进入宠物医院
- 修剪指甲
- 清除跳蚤
- 乘车
- 认识新朋友

对于狗狗的训练要深思熟虑，主动积极。如果你希望狗狗在任何情况下都能感到舒适和自信，那么你就要明智地分配训练时间和零食，以帮助狗狗建立积极的联想。相信我，提早适应能降低后期面临治疗、抓伤、哭泣、恐惧的可能性。

## 对抗性条件作用

对抗性条件作用是指我们将一些美好的东西，比如零食，与狗狗以前感到不舒服的情境匹配起来。例如，狗狗以前听到你的电话铃声响起时，会感到害怕。而对抗性条件作用的过程就是：调低音量，让电话响铃，电话铃一响，就给狗狗喂零食。重复多次，随着时间的推移，你将会看到调节过后的"积极情绪反应"：当电话铃响起时，狗狗会摇动尾巴并期待地看向你。

针对上述社会化时间表，狗狗在8～12周大的时候，通常会经历所谓的“恐惧期”。

在自然界中，狗狗经历发展阶段中的“恐惧期”是有道理的。在第8周之前，它们大多数时候好奇心很重，希望能够在尽可能短的时间内从世界上获得尽可能多的信息。到第8周时，狗妈妈身体将相当疲惫，所以大自然就会启动应急措施来保证狗狗的安全，而这时狗狗的好奇心在这个阶段就会变成敏感、警惕甚至是恐惧。

当恐惧期开始时，如果狗狗遇到任何反常的情况，它们不会像以前那样跳过去一探究竟或者依靠妈妈来帮助它们摆脱麻烦，而是快速地转身，跑回安全地带。恐惧期就像一根无形的脐带，阻止狗狗跟恐怖的东西和解。大多数狗狗或多或少都会有这样的反应，所以请注意在狗狗2~3个月大的时候，你很可能会看到狗狗变得有点警惕，对环境也十分敏感。有时它们会吠叫。在这一时期，你千万不要因为它们吠叫就惩罚它们，这点至关重要。狗狗在这个时期超级敏感，因此反过来，你也需要对狗狗的需求和急剧发展的变化超级敏感。试想一下，如果你在狗狗恐惧时对其进行惩罚，那你所做的只会使整个事情变得更加糟糕。此时，你教给狗狗的是，当置身于这个环境时，不好的事就会发生。这在本质上与我们想教的东西背道而驰！

如果狗狗看起来很害怕，要体谅它们：

- 增加彼此间的距离。
- 训练时与狗狗保持一段距离，能帮助狗狗的肢体语言从恐惧转变为放松。
- 不要惩罚狗狗。这只会向它们证实它们的恐惧感是正确的！
- 思考一下：下次你是否可以与狗狗保持一段合理的距离来帮助狗狗进行对抗性条件作用？
- 你能不能在将来创造一个类似但没那么恐惧的场景，来帮助狗狗脱敏？

在狗狗整个恐惧期，你要继续体贴地帮助狗狗开展社交活动，并像鹰一样敏锐地观察它们的肢体语言，看看它们是不是有变化。如果狗狗需要更多空间，那就给它们提供这样的空间。

你们一定会一起跨过这个关口的，因为你们是好搭档。

# 第九章

# 狗狗公园礼仪

## Dog Park Etiquette

想象一下这样的美好场景：阳光明媚，你和你新领养的狗狗一起出门，你们在散步，相互打量，相互微笑。哎呀，甚至你们之间的牵引绳也在“微笑”，它是如此的放松和松弛。然后你们进入公园，当你们安全进入并确认过周围没有其他狗时，你让你的小家伙坐下，准备松开牵引绳，这时乖乖的小家伙保持着刚才的坐姿，眼巴巴看着你，等着你松开牵引绳，等着你说：“去玩吧！”当你开始散步时，狗狗会跑到几米远的地方进行探索和嗅闻。当狗狗看到你继续前行时，它会高兴地跳到你身边，然后你们一起散步，时不时看一眼对方。

此时你发现100米开外，有另一只狗也在和主人散步，于是你蹲下身子，把狗狗召回到你身边。狗狗热情地跑回来，把肩膀和屁股依偎在你身上，以便你可以在给它系上牵引绳之前与它亲近一下，然后给它一块零食。

你们继续一起散步，直到你们离那个主人和那只狗20米左右。然后你问道：“我的狗狗可以跟你的狗打招呼吗？它能接受吗？”那个主人说，“当然可以，它很喜欢跟其他狗狗待在一起”，然后你牵着狗狗慢慢地走过去，两只狗有礼貌地互相嗅着对方的屁股，跟对方打招呼。过了一会儿，狗狗看向你，你对那位主人说“谢谢”，对你的狗狗说“我们走吧”，并给它吃点零食，然后继续你们温馨的散步时光。

哈！美梦谁都可以做，不是吗？

让我们走进另一个场景……

想象一下：阳光明媚，你和你的狗狗一

起出门，你只有15分钟的散步时间，因为15分钟后你要去接孩子。你以前没有去过这个地方，所以你很担心停车问题。一路上，狗狗都在汽车后座上哼唧和吠叫。当你终于找到一个可以停车的地方，你从车后座上抱起狗狗，系上牵引绳，并快速走进公园。

狗狗停下来嗅一嗅，但时间很宝贵，所以你鼓励狗狗继续走，反正它在你们出门之前就已经撒过尿了。当你进入公园的主要区域时，你看到安全距离内有几只狗，它们都被牵引绳牵着，所以你解开了狗狗的牵引绳，然后继续散步。当你们接近其中一只被牵着的狗时，狗狗开始向那群狗跑去，你不确定狗狗的目的，所以你说“过来”，但是狗狗的反应是“不”，然后继续扑向那群陌生的狗。

“请你把你的狗狗叫回去好吗？”远处的狗主人说道：“没关系的，它很友好。”你喊道，但在内心深处你知道……那根本不是重点，不是吗？

当狗狗跑到另一只狗面前时，它立刻就被那只咆哮着的成年狗压倒了。你跑去追赶它，赶到时刚好听到了狗狗恐惧的尖叫声，因为那只成年狗的大爪子正在重压它的脊柱。

你准备对那个狗主人说什么呢？你能说什么呢？

这时说什么都太迟了。他们的狗是牵着绳子的，而你的狗狗没有牵绳，你的狗狗跑到他们的狗面前，你也没有召回它。你很不高兴，于是把狗狗重新拴上绳子，然后带回车上。在回家的路上，牵引绳又突然被拉紧了，因为狗狗试图蹲下去上厕所。很好，你连拾便袋都没带！

第二天，你把狗狗放进车里，准备再去一次公园。你猜怎么着？狗狗现在很害怕上车，因为它认为，昨天上车后发生的一系列事件是一次非常可怕和痛苦的经历。

第一种场景可能是狗狗的终极理想，而第二种场景，嗯……我甚至不愿看到那样的事情发生在我的仇敌身上，但我们怎样才能让第一种场景多一些，第二种场景少一些呢？首先，你需要制订计划。不做计划就是计划着狗狗外出行动的失败。

研究表明，我们更容易记住负面事件，而不是中性或是正面事件。从生存和进化的角度来看，这句话似乎很有道理；但对于狗狗的新主人而言，这句话真正强调的是，我们要尽可能地避免狗狗与其他狗、孩子或陌生人发生不愉快的经历。一次糟糕的经历可能真的会让狗狗对周遭的一切产生不信任感。

作为新主人，我们能做的最重要的事情就是培养一只快乐、自信和乐观的狗狗。如果我们的狗狗很乐观，总是能在各种环境中看到阳光的一面，那么我们与狗狗的生活将更加轻松和有趣。

那么，从哪里开始呢？在预定派对之前你肯定会事先检查一下场地，在把你的孩子送到学校之前，你也会参观学校，感受一下学校的氛围，看看学校是否安全，是否有校园欺凌的现象，看看学校是否有一个良好的、积极的学习环境。而你们当地的公园也有可能成为一个巨人的狗狗学习场地，请不要把这个地方变成痛苦的来源！因此，请提前对场地进行考察！

请在没有狗狗陪伴的情况下，外出进行实地考察，看看哪个地方适合散步、玩耍和社交。这里有几个需要考虑的问题：

1. 如果你驾车前往该地区，那在你把狗狗抱下车之前，应该看看周围是否有足够的安全空间，让你的狗狗不至于被其他狗和人群淹没。

2. 如果你是步行前往该地区，那距离是否足够近？在成长阶段，狗狗的步行量应该有所限制，以确保它们的身体不会过度劳累。我们也不希望狗狗在到达公园时就已经筋疲力尽了。狗狗疲倦时会变得很暴躁，我们希望每次游玩都是有趣和安全的。

3. 该地区的构造是否允许狗狗在安全距离内观察和接受所有新的景象和声音？这一点至关重要，因为这可以让狗狗能够按自己的节奏来探索这个新世界。区域面积太小或太靠近新刺激物（狗、人、自行车等）都可能会导致狗狗恐慌和产生负面联想。

4. 你能否在公园里找到理智的狗（和主人）？我们在这里需要寻找的是友好、温和与放松的狗狗。你也不希望看到这里到处上演着激烈的追逐游戏以及乱作一团、相互打斗的场面吧。

5. 你能否找到一些远离闹市，漂亮又安静的地区呢？在那里，你可以和狗狗坐在一起，享受安静的时光。也许可以进行一次“背包”徒步旅行，或者只是坐着发个呆，逃离一会俗世纷扰。

6. 该地区是否有更合适的游玩时间？有些公园在一天中的某些时间段比较安静。在一开始，安静的时间段可能是最好的参观时间，以便狗狗慢慢适应环境。一旦狗狗适应了这种环境，你就可以调整到更热闹一点的时间段去公园游玩。

好了，你已经完成了实地考察，并决定好了首次出游的时间和地点。而现在的问题是你要带什么呢?

## 出游装备推荐

拾便袋：最基本的装备之一！我宁愿你忘记带你的狗狗，都不要忘记带拾便袋。有一句古老的军事生存准则说道：“两手准备好过唯一选择，唯一选择相当于没有准备。”出门至少要带三个拾便袋，以避免出现“哦，你在跟我开玩笑吧，又没带？”的局面。

零食：永远不要打无准备之仗。在你带狗狗出门玩时，尽可能带最好的零食。我们在这里使用零食有两个目的：一是让狗狗对你带它去的新环境产生积极的联想，二是对我们希望狗狗多做的行为提供奖励。每天都是学习日，我们绝不要错过可以大量强化狗狗正确行为的机会。这里你所强化的行为可能是你要求它做的行为，比如立即召回或坐下；也可能是你观察到狗狗正在做的行为，并希望在未来看到它重复出现，比如在外面上厕所或在你们一起散步时它能与你一直保持联系。如果你喜欢某种行为，那就强化它！

训练零食包：这不仅方便携带零食、拾便袋等，而且这也是一个非常好的象征，表示你和狗狗都在认真对待此事。

牵引长绳：想让狗狗有更多探索的自由，但又不想与它失去所有联系？那为自己准备一条漂亮的牵引长绳吧！根据你的狗狗体形的大小，牵引长绳的长度可以是5~10米的任何长度：绳子太短，你会在不经意间拉紧绳子，让狗狗感到不舒服；绳子太长（或太粗），不利于狗狗在公园里遛弯。

现在市面上有很多不错的选择。买一条没有环形手柄的牵引长绳，你需要的只是让长绳拖在狗狗身后，而不是一直用手牵着。你也不希望手柄可能会被树枝等卡住吧。请注意，此处的牵引长绳不是可伸缩绳，而只是一条普通的长绳。

如果你住在降雨量大的地区，可以考虑购买防水涂层狗绳，它们不会吸收额外的水，因此不会额外增重！

重要提示：长绳并不能取代召回训练，也不要用长绳把狗狗拉回你身边。这对它们来说是很不舒服的，也不利于狗狗对回到你身边这件事产生积极联想。如果你希望狗狗来到你身边，那么你需要给它们一个积极的理由，这就是后面完美召回训练需要讲的内容（见第164页）。

如果你用长绳强行拉狗狗，我会抓到你，找到你，并训练你！

## 约定日期

你的狗狗是否遇到了另外一只狗并相处融洽？如果是这样，

也许你可以安排一两次公园里的“意外”邂逅。另外安排一些充满熟悉感和安全感的会面将增加狗狗再次回到公园的信心和乐观情绪。安全、友好的问候也将为你的个人遛狗体验增加价值。

## 寻求许可

与其事后请求原谅，不如事先征得许可。如果你在公园里看到另一个主人带着他的狗，并认为这只狗可能适合与你的狗狗见面和打招呼，请先从远处询问狗主人是否可以。切勿假设所有狗都会对跑过来的狗狗表示欢迎——这真不一定。狗狗将有什么样的经历，这个责任全在于你，而不是其他狗狗，也不是其他主人。在身体条件允许的情况下，确保狗狗所有的会面都是积极的体验。如果对此有疑问，请立马走开。以后会有更好的相遇机会。此外，这也是一个很好的机会，能让狗狗了解到不是每一只狗都可以友好地打招呼。我们不希望给狗狗建立错误的期望，如果狗狗认为每只狗都可以问好，那么后续它们可能会产生潜在的挫折感。如果你总是让狗狗接近它们见到的每一只狗，那么当这种见面没有产生良好的体验时，狗狗就会感到沮丧。挫折感是引发许多不良行为（如拉扯、哀叫和吠叫）的原因。它们需要了解，有些狗会问好，有些则不会，就像我们人类一样。

在饲养初期，你可以让狗狗平均遇到五次狗打一次招呼。这是一个合理的目标，会有助于避免狗狗产生沮丧的情绪。

## 最后，公园里要遵守的一些简单的礼节性规则

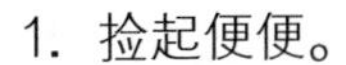

1. 捡起便便。

2. 如果其他狗被绳子牵着，那肯定是有原因的！我重申一遍：在你征得他人同意之前，不要让你的狗狗跑到其他狗面前打招呼。

3. 并非每只狗都想和其他狗一起玩，就像你也不会想在街上和每个经过的陌生人打招呼一样。你在200米外大喊："没关系，它很友好！"这是不负责任的表现，对其他狗来说也是不安全、不公平的。为什么？我们需要学会体谅，不仅要体谅狗狗还要体谅公园里的每一个人。也许另一只狗不喜欢其他狗。也许它们很害怕。也许另一位主人正在努力地训练他的狗，只有在不受其他狗打扰的情况下才能成功！也许另一位主人在这段时间过得很艰难，真的需要独自思考的安静时光，需要跟他的狗待在一起。也许另一只狗已经老了或有伤，真的不应该冒被扑倒或产生过度兴奋的风险。请记住，如果另一只狗被绳子牵着，那背后肯定有原因。在靠近之前请一定要寻求对方的许可。

4. 每一天都是学习日。与狗狗相处的任何时间，都是你们相互训练的契机！强化你喜欢的行为，不要让狗狗不断练习不需要的行为。

5. 让狗狗知道你会保护它。不要把狗狗置于恐惧的环境中。信任在你们的关系中就代表着一切。要记住，你们是好搭档。

6. 第一印象很重要，所以要确保所有初次见面都是在有监督的情况下礼貌进行。

7. 来日方长，不要让玩耍时间持续过长，不要让狗狗成为肾上腺素的成瘾者。我们希望与其他狗的相遇和去公园是与享受和放松联系在一起的，而不是像过山车一样肾上腺素飙升！

8. 不要让你的狗狗和其他狗自己解决问题。你的狗狗你来负责。一次糟糕的经历可能会影响到狗狗的一辈子。

9. 如果你不盯住狗狗，狗狗可能会乱跑到你看不到的地方；可即使你不盯着手机，手机也不会自己长脚跑掉。所以看好你的狗狗吧。

# 第十章

# 游戏

Play-away

还记得你的童年时光吗?

我敢打赌，你最好的朋友一定不是那个在学校使唤你做事的人，也不是那个帮你端食堂餐盘的人。我敢打赌，你最最要好的朋友、你的“一百年不许变”朋友、那个让你回想起就会觉得开心的人，一定是与你玩得最多的人，一定是你们相互追逐嬉戏，为了赢得游戏你争我抢的人。

游戏是最棒的。

游戏行为在哺乳动物中普遍存在，尤其是在幼崽中。

它会让我们和狗狗都感觉开心快乐。

游戏可以培养即兴能力、社交能力、应对挫折的能力和抑制冲动的能力。这些重要的技能可以帮助狗狗应对日后生活中的意外事件。

最近我带人去医院的急诊室看病，在候诊室里，我看到几个患病和受伤的孩子在玩着医院提供的玩具，玩得非常开心。这就是游戏的重要性。

如果你只是给狗狗一个玩具让它自己玩，等同于你只是把门打开让狗进出就说你经常遛狗一样，我只会认为你做得还不够好。

游戏只有在融入社交活动时才能发挥它的最大效力。

不要指望狗狗自己玩。

我希望你能与狗狗一起玩耍，这对狗狗有巨大的好处。你知道吗？你也是哺乳动物，科学研究表明你也喜欢玩耍。

因此，有几个问题需要你思考一下……

信不信由你，当我们与狗狗玩耍时，我们不仅是在帮助它们培养社交学习技能、沟通技巧、心理素质和对游戏的热爱，我们还在帮助它们完善其狩猎运动模式。狩猎运动模式是动物行为学家（研究动物与环境或其他生物的互动等问题的人）创造的一个短语，用来反映所有狗狗体内共有的一种原始基因，人类通过选择性育种来加强或者压制这种基因，起初是为了提高育种的工作和运动能力。例如，㹴犬被培育成喜欢甩头撕扯猎物的犬种；牧羊犬被培育成喜欢用视线跟踪它们猎物的犬种，而比格犬则被培育成会通过气味来追踪猎物的犬种。

当狗狗在做这些原始基因所展现的行为时，感觉非常好，想更多地重复这样的行为。它们做得越多，就越擅长。就像滚雪球一样，一代传一代。下面是完整的狩猎运动模式：

追踪－注视/偷偷靠近－追逐－抓住/撕咬－摇晃/咬杀－肢解－食用

想象一下，在过去，原始野狗必须自己谋生，它们需要自己获取蛋白质，并寻找能量来源。它们需要熟练运用狩猎运动模式中的各种技巧，这样当时机来临时，它们就能娴熟且高效地抓住猎物。如果它们不能够获取蛋白质和能量来源，就会危及个体甚至物种的发展。

所以这就是它们喜欢玩飞盘的原因！

让我们详细讲解一下狩猎运动模式的内容：

追踪：想象一下，狗狗在树林里闲逛时，一边走一边发出愉快的声音，突然间，兔子脚印的甜美香气冲入狗狗的鼻孔。晚餐铃声已经敲响。狗狗需要沿着脚印一步步追踪，直到找到食物源头。

注视/偷偷靠近：狗狗现在已经凭借嗅觉追踪到了兔子，眼睛也看到了兔子。从这里开始，就不需要再依靠嗅觉了，狩猎的任务转交给了眼睛。这里的难点是如何蹑手蹑脚，在不被兔子察觉的情况下，尽可能省力地靠近兔子。

追逐：这时兔子抬起头来，发现了狗狗，惊讶地叫道："噢，不！"咻！兔子为了生存飞快地跑起来。咻！兔子一跑，饥饿的狗狗就开始追逐。

抓住/撕咬：如果狗狗追到兔子，就会咬住它，并死死抓住不放。

摇晃/咬杀：如果狗狗咬住了兔子，就会甩头摇晃兔子来撕扯猎物。

肢解：如果猎杀成功，那么狗狗就会肢解兔子。

食用：狩猎的基因已经完成了它们所有的工作。

某些品种的狗狗或者某只狗狗或许对狩猎运动模式中的某个环节情有独钟，但这都不是一定的。像我们人类一样，每一只狗狗都是与众不同的。学着找到你和狗狗都喜欢的游戏。我将在后面讲述几种不同的游戏策略。要记住，关键是玩它们喜欢的游戏。

除了扮演上述狩猎角色之外，游戏还会提供如下好处：

- 加强亲密关系。
- 增加乐趣。
- 发泄精力。
- 宣泄情绪。
- 对你产生积极联想。
- 对所处环境产生积极联想。
- 作为积极强化的一种新手段，可以换取更多你想要的行为。
- 以轻松、游戏的方式彼此互动，这种机会是无价的。

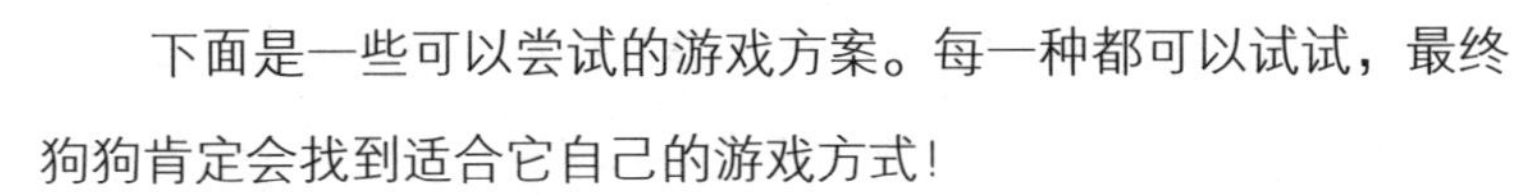

下面是一些可以尝试的游戏方案。每一种都可以试试，最终狗狗肯定会找到适合它自己的游戏方式！

在游戏过程中，要根据狗狗的水平调整游戏难度。不要仅仅从狗狗身高的角度来决定游戏的难度，还要使游戏的力量、速度或活动水平不超过同龄狗狗所能承受的强度。要让狗狗玩游戏的时候感到轻而易举而不是难若登天！就游戏策略而言，我喜欢在所有的游戏中成为一个有用的傻瓜，表现出老是抓不住玩具的样子。当我匍匐在地被狗狗超人的力量拖拽时，我会对狗狗说，“哎呀，我太弱了，你真是太强大了！”

你知道为什么要这样做吗？因为这能帮助狗狗建立信心，增加快乐。

我们希望培养狗狗对游戏的热爱，因为这样它们就会更爱跟它们玩游戏的你。

现在谁是超人？你明白了吗？

## 拔河游戏

你是否听到过这样的说法：“你不应该和狗狗玩拔河游戏，如果一定要玩，你千万不要让它们赢。”

我敢说跟你说这些话的人一定很无聊，你可能都不愿跟他们一起玩！从狗狗的角度来看，它们为什么要玩一个永远都赢不了的游戏呢？我相信你的自尊心足够强大，所以你会很高兴让狗狗“赢”很多次。想象一下，你要像电影《蛮王柯南》里的主人公那样不惜一切代价打败对手（狗狗），狗狗会多么有挫败感啊！

与狗狗玩拔河游戏的建议：

- 拔河游戏可以玩，但要理智。你是在和一只狗狗而不是一只灰熊玩拔河游戏！
- 在拔河过程中你的身体要柔软、放松并随着狗狗的移动而移动。
- 保持较低的兴奋度。
- 如果你太过兴奋，就会限制狗狗听从指令的能力。狗狗关注的重点就会从单纯的社交乐趣转向自私的占有，并激发它“攻击”的欲望。这对构建你们之间积极的关系没有任何好处。

- 要时刻记住这是一个团队游戏。
- 如果狗狗开始摇晃玩具，咬你的手或者它们的瞳孔有点放大，那么就暂时停止游戏，让它们的兴奋度降下来。

如果狗狗在拔河游戏中很快就变得兴奋起来，那么试试下面这些建议：

- 只用你的指尖捏住玩具，这可以确保你不会在拔河游戏中太过用力。
- 一旦狗狗“赢得”玩具，就鼓励它们回到你身边，让它们重新参与游戏。请确保游戏的乐趣集中在游戏本身而不是占有玩具上。
- 确保当你们都拿着玩具时，你的手部动作不要太多，轻轻地左右晃动。
- 避免用手进行突然的抖动动作。
- 确保狗狗的脚始终在地面上，而不是悬在半空中。狗狗跃起会刺激它们把玩具咬得更紧，也会给它们脆弱的牙齿造成不必要的压力。
- 不断地用食物换取玩具（见第188页的“安全互换”）。这将降低狗狗参与游戏的兴奋度，另外，这也将为以后的“安全互换”训练打下良好的基础。
- 训练时间要短，并在结束时将兴奋程度降低几个档次，而不是紧急叫停。很多训犬师会告诉你要在“兴奋点结束”。而在“兴奋点结束”和尽欢而散是有很大区别的。尽欢而散不会让兴奋的狗狗突然无所适从！

并不是所有的游戏都必须包含追逐、抓住、攻击、撕咬四个动作。一个不错的、简单的、有价值的游戏就是“猜手游戏”。它需要用到狗狗的嗅觉，并能让狗狗了解到并非所有的游戏都必须每小时跑160多千米，这是一种非常愉快的游戏方式。

1. 坐在地板上，将两只手放在背后。

2. 在一只手上放一两种美味的零食，另一只手空着。

3. 将你紧握的两只拳头转到前面，让狗狗闻一闻每只手上的气味。

4. 当狗狗将注意力集中在正确的手上时，它已经判断出了零食的位置，这时你只需说，“真棒！”然后张开手，给予狗狗奖励。

这是一个很简单的练习，能让狗狗专注到嗅觉上，同时也让狗狗非常放松。总之，这个方法轻松、能够锻炼专注力且富有回报。如果你想在动作中加点难度，那当狗狗猜中哪只手上有零食时，你可以将食物抛出去，让狗狗去追逐（看！所有的方法都

回到了刚才提到的狩猎运动模式：追逐并抓住零食就像追逐并抓住松鼠一样）。这样做还有一个好处是，一旦狗狗抓住并吃了它的食物，它下一步就是观察并跑回你身边，并期待着进行下一次重复动作。狗狗自动跑回来并向你报到，可以为今后的“眼神交流”以及“召回训练”打下良好的基础。

## 把游戏作为一种强化手段

除了食物之外，你现在有了另一种手段来让狗狗做出你喜欢的行为。你可以通过一场精彩的拔河游戏来强化狗狗主动回到你身边的行为，或者你可以在兽医那里等待狗狗的健康检查时，进行一场轻松的猜手游戏。

和狗狗玩上10分钟，会让你进入一个成年人很少能体验到的美妙世界。记住，为了取得最好的效果，与狗狗玩耍的时候必须全心全意。

# 第十一章

# 扑人行为

## Jumping Up

## 为什么会有扑人行为？

那么究竟为什么狗狗会有扑人行为呢？因为它们喜欢你！让我们先了解一个事实：向上跃起是狗狗的正常行为。对于狗狗来说，为了获取关注，跳起来扑向妈妈的脸，是一种非常自然的行为（而且通常是经过不断强化的反应）。狗狗也会自然地舔妈妈的嘴角，这反过来又会刺激妈妈将食物反刍给狗狗。狗狗就可以享用它的零食了！因此，狗狗为了寻求进一步的关注和强化，会跳到作为其新家人的人类身上，这是一个自然的发展过程。狗狗扑人行为背后的动机是非常正常和自然的——我们只是通过给狗狗正面反馈有意或无意地强化了这种行为。

## 问题

1. 在人们准备去参加婚礼的时候，不是每个人都喜欢在自己的新衣服上留下脏兮兮的爪子印。

2. 有些人可能会被一只扑人的狗狗吓到。

3. 有些孩子可能会在狗狗扑向他时，不经意间被狗狗的爪子抓伤。

## 屡教不改者

正如我们在上面看到的，狗狗的扑人行为是一种被其母亲强化的自然行为。然而，狗狗已经不再和妈妈在一起，因此这种行为也不会再被强化，那为什么扑人行为还一直存在呢？也许，只是也许，这种行为仍在被强化？

如果狗狗跳起来扑人，而你（或任何人）给了狗狗渴望的一些关注，那么这个行为就会被强化。而被强化的行为更有可能在未来重复出现。这完美地体现了狗狗训练中保持一致的重要性。所以，你和你的家人现在就要在以下两个选项中作出选择。

1. 我们不希望狗狗扑向任何人。

2. 我们希望狗狗扑向任何人（包括婴儿、老人、警察等）。

## 让我们来解决这个问题——互斥行为

我们这里要做的就是设法改善环境，不去强化狗狗目前不当的行为，而是大力强化狗狗新的替代行为。我们将这种新的替代行为称为互斥行为。如果狗狗正在做互斥行为，那么它们就不能同时做那些不当的行为。例如，如果狗狗正坐着，那么它们就不可能同时跳起来扑向别人。（英国斗牛獒尝试过，但无济于事）

在你未来遇到的问题中，你经常会用到互斥行为。它就像是狗狗不当行为的克星！

让我举例解释一下互斥行为这个术语。不希望你的狗狗在你回家时朝你兴奋地吠叫？很好。教它只有在它抱着最喜欢的泰迪熊玩具时你才会跟它打招呼（它无法做到一边叫一边抱着泰迪熊玩具）。不希望你的狗狗拉着牵引绳，跑去跟它的同类玩？好吧，教它只有在它与你有眼神交流时，你才会说，“去玩吧”，然后带它过去与同伴见面打招呼。狗狗无法做到一边看你一边拉牵引绳。这就体现了完美的互斥行为。

所以，让我明确一点：我们不会因为狗狗跳起来扑人而去惩罚它，这非常荒谬。惩罚不能教会狗狗该做什么。惩罚这个行为会让你心情不好，也会吓到狗狗。所以惩罚并不是一种有效的方法。

## 凡事要有轻重缓急

我是第一个承认狗狗需要控制和管理（如果你需要复习一下，请见第8页“控制和管理”相关内容）的人，但有时我们只是没有把我们的“训犬工作”放在心上。想象一下这种场景：你在工作中度过了糟糕的一天，还剩下最后一点精力和耐心，这时门铃响了。你的爷爷奶奶要来你家拜访一下。

你的“禁止扑人”训练已经进行了一半，但狗狗还没有准备好礼貌地对同样兴奋的（在这种情况下，应该说是年长的客人）

客人打招呼。你在之前就跟爷爷奶奶说过如果狗狗跳起来扑向他们，不要鼓励也不要宠爱它，却得到了“哦，没关系，我们喜欢狗狗！”的回答。

不要自责，也不要认为自己（或狗狗）注定会失败。为了你自己，把狗狗放在厨房或花园里，给它一个好玩的漏食玩具，去正门接待客人，然后在几分钟后回到狗狗身边。等到狗狗平静下来的时候，可以让它系上牵引绳与客人打招呼。或者你也可以通过儿童安全门，让狗狗适应最初的阶段，让它多熟悉人类，不至于在碰到新客人的时候过于激动：“哦，天啊，是人类！”

你得明确：你的目标是不要让狗狗练习和强化不当的行为。如果你能做到，那任务就完成了！

这里的诀窍是教会狗狗什么行为能带来奖励。那么什么行为可以达到预期的目标呢？

我喜欢“坐下”这种行为。

“坐下”是一种很好的互斥行为，狗狗一旦“坐下”就不可能同时“跳起来扑人”。

“坐下”是一个被反复练习的行为，这个动作可以让狗狗得到它们想要的东西，利用好这个动作对每个人都有利。一如往常，如果有什么我们不想要的行为，那么我们就必须告诉狗狗我们想要的行为是什么。

同理，另一种方法是让狗狗意识到门铃=狗窝里的零食。经过多次重复，狗狗一听到门铃声，就会跑向狗窝，而不是跑向前门。这种练习也有助于避免客人到访时狗狗兴奋过度。

## 当狗狗向你扑来时，该怎么办？

没有人是完美的。良好的控制和管理就是为了避免狗狗做出不当的行为。但你知道吗？有时我们也会犯糊涂。有时我们可能会忘记给狗狗系上牵引绳或者把狗狗带到厨房，就直接让客人进到屋子里来了。

瞧，客人进来了。

你看看狗狗，再看看客人，你双手抱脸开始“呐喊”……

别紧张。

如果狗狗跑过来并扑向客人，只需让客人站住不动，不理会狗狗就好。这里透露出的重要信息是：我们不鼓励狗狗扑人。

只要等待就好。

给狗狗4~5秒的反应时间。如果你已经进行过自动坐下的训练，那么我们可能会很幸运地看到狗狗在快速反应后，会开始做屁股着地的动作。如果是这样，那就太棒了，你应该立即让客人蹲下，好好抚摸小家伙一番。如果4~5秒后，狗狗仍未坐下，那就发出指令让狗狗坐下，并按上述方法给予狗狗奖励。

如果狗狗因为过于兴奋而无法坐下，那就告诉自己：这就是生活，明天又是新的一天。带狗狗到外面待一会，系上绳子，然后回来让狗狗控制好情绪，以你希望的方式向客人问好，即使这意味着你需要带上一些零食，引导狗狗坐下，然后让客人蹲下来问候。

下一次，再改进对狗狗的控制和管理；如果需要的话，可以在你的前门上贴一张黄色的便利贴作为提醒！

想象一下这样的场景：你和某个人相约见面，当你准备去和他握手的时候，他对你大喊“不行！”你再次试图跟他握手，结果他只是交叉双臂，并大声拒绝你。你不但会感到困惑、拘谨和有一点害怕，还会觉得不知所措，不知道该怎么跟对方问好。

或者，想象一下，你进入房间，当你接近对方并准备与之握手时，对方举起了自己的手，并兴奋地说“来击个掌”；然后你也兴奋地回应了。因为这次友好的问候，会让你愉快地接受下一次见面的邀请。

击掌可能不是你习以为常的打招呼方式，但它富有成效，你会很喜欢与你打招呼的那个人，而且你也会清楚地知道下次你应该做什么。

## 狗狗坐立不安！

如上所述，“坐下”能有效抑制“连环跳”，但是有些狗狗实在是太好动了（也可能是由于紧张），简直坐下一毫秒都不行！如果你的狗狗是这样的，那么你需要教会狗狗做一个很帅的“鼻触训练”（见第174页，“鼻触训练”是训犬中的另一个锦囊妙计，我们将在其他的训练中使用它，在本书后面的章节中也会提到）。“鼻触训练”是一个非常好的互斥行为，不仅能抑制狗狗的扑人行为，还能帮助狗狗（和主人）更加积极主动地从对方那里获得各自希望的行为。例如：进门后，当狗狗像火车一样向你奔来时，你应该就像在本书后面章节中所说的那样，伸出手，给出“碰一下”的口令，然后给予狗狗丰厚的奖励和它所渴望的关注。这样人人皆是赢家！

## 门铃声预示着什么？为何狗狗听到“叮咚”会异常兴奋？

有时，狗狗一听到门铃声就兴奋，是因为它们把门铃声与兴奋的客人联系起来了。这就使得训练困难重重，有时甚至会让人有点沮丧。让我们更加实际一点，来改变狗狗对于门铃声的联想吧。

计划如下：在一张舒适的椅子上放松，让狗狗在屋子里陪着你。让你的训练搭档在门外，在计划好的时间按门铃，“叮咚”。门铃一响，狗狗很可能会非常兴奋。但你只需从你的椅子上站起来，默默地走到屋子的另一边，并把一些美味的零食扔到狗狗的床上。狗狗会看看你，看看门，再看看你，最后埋头跑到床上去吃零食。

每次训练将这些动作重复数次。如今你们可以用手机与训练搭档沟通，在以前，我还得发传真跟训练搭档沟通，训练时间特别长。

只要重复次数足够，当门铃声一响起，狗狗就会起身，跑到屋后，而不是跑去前门。这就是最好的条件反射，表明我们可以如何去改变狗狗对门铃声的联想和反应。

开始延长指令（“叮咚”）和去屋后拿零食的间隔时间，这被称为“延迟训练”。你只需要慢慢地从椅子上站起来，慢慢走向屋后的食物供应区。这将有助于狗狗用新的冲动控制和耐心代替旧的门铃反应。

现在你可以开始增加干扰项：“叮咚”→狗狗去屋后→你去开门/关门→你去屋后并给予狗狗零食。

最后把门铃声延伸到更深一层的含义，那就是“叮咚”→狗狗去屋后→你开门让客人进来→呼唤狗狗到身边→让它坐下→强化狗狗坐下的行为→与新客人击掌并告诉他，“我的狗狗非常棒，它从来不会随意扑人！”

## 案例研究：认识戴夫！

戴夫是一只伯恩山犬。对于那些不知道伯恩山犬长什么样子的人，可以想象一下大油轮，真的非常大！

更大的狗＝更多的潜在问题！

戴夫与我的朋友马丁、凯伊和他们的两个儿子住在一起。在年幼的时候，它在各个方面都表现得几乎完美。只可惜，你猜对了，它是一个“扑人惯犯”。

我敢肯定奥斯卡·王尔德（19世纪英国最伟大的作家与艺术家之一）说过这样的话：“让一只正常大小的狗扑向你可能是种负担；而一只伯恩山犬扑向你则真是让人痛苦”，所以我们必须迅速解决这个问题。

我们的计划是：把戴夫变成一只安静坐着的狗狗。

全家人都动员了起来，他们在尽可能多的不同环境中用口令训练戴夫坐下。他们在家里、家外，白天、晚上都在辛苦训练。甚至改变了发出“坐”这一口令的方式：有时站着，有时坐着。他们甚至有时在发出“坐”的口令时会背对着戴夫，以确保不管周围发生了什么事，“坐”就是真的表示“坐下”。

我们在每次有机会的时候都会强化坐的动作。当它想玩追赶玩具的游戏时，我们只在它的屁股着地后才把玩具扔出去。所以，戴夫会通过衔回玩具来加强坐下这个动作。当它出门散步时，它会偶尔在路边坐下，然后继续享受它的散步时光。生活中有很多机会可以强化你想要的行为，全看你能否及时发现并把握机会。

我们另一个补救措施是确保与戴夫见面打招呼非常简短，以防止它过于兴奋。首先，家庭成员和客人都要蹲下身来向戴夫打招呼。凯伊一开始会站得笔直，而戴夫是个大块头，看到凯伊非常兴奋，所以凯伊的反应是离得远远的，这是可以理解的。然而，这只会把戴夫的视线目标定得更高，让它更容易扑人。这时我会让凯伊蹲下，与戴夫处于差不多的高度，这就是简单的控制和管理。如果某人跟你高度一致，你就没办法跳起来扑他。戴夫得到了它想要的关注，没有一跃而起，所以这种扑人的行为就没有得到重复和强化。在打招呼的过程中，凯伊还在地板上放了一些零食，让戴夫捡起来吃掉，而不是直接放在它的嘴里来强化坐姿，这样一来，戴夫的整体注意力就保持在较低的位置。

作为一种合理的控制和管理手段，我们还在厨房的部分区域安装了狗狗围栏，可以将戴夫围起来，以防任何未经通报的客人进入厨房（我所说的“未经通报”是指没有提前告知客人如何跟戴夫交流）。在一次特别激动人心的问候（即戴夫坐下打招呼）完成后，我们也会立即使用狗狗围栏。例如，客人进入厨房→戴夫坐下→低声问候→扔零食到围栏里，让戴夫转移注意力并享用零食，从而抑制它的亢奋状态，避免它跳起来扑人。

下面是我与这只特殊的伯恩山犬相处时，观察到的另一个有趣现象。戴夫是一只超级友好的狗狗，所以陌生人都喜欢在路过时摸摸它的头。我很敬佩人们在路过时敢摸狗狗的头，但我发誓，戴夫就像一块磁铁，吸引着人们过来，希望通过摸摸它的头来获得好运。

我认为戴夫跳起来扑人的部分原因是为了防止人们在走近它的时候摸它的头。它的逻辑是，如果它能把头扬起来超过他们的手，那么问题不就解决了吗?

马丁和凯伊很厉害，他们发现了戴夫在被人摸头时有点不舒服，于是他们会在戴夫被人摸头前说："哦，它其实更喜欢被人摸胸部"，以避免人们摸戴夫的头。

其实这也是一种互斥行为，你看到了吗？这种行为不仅仅用在狗狗身上！

# 第十二章

# 名字回应

## Reflex to Name

## 名字回应是什么？

名字回应指的是每次你说狗狗的名字时，它们都会忍不住回应你。

## 为什么要教狗狗回应名字？

相信我，当狗狗不会回应你时，它们可能会惹上很多麻烦！狗狗“名字回应”时的反应动作像“动力转向”一样，让狗狗不需要借助于拉绳或其他令它们感到不适的方法，就能把注意力集中在你身上。一旦经过训练，你可以在任何时候都使用“名字回应”这种新技能来吸引狗狗的注意力。

请阅读下面的“名字回应”训练方法，然后给自己倒杯茶，坐下来静静阅读最后的案例研究部分，感受一下我在试图教导那位热门选手布莱恩·布莱塞得所谓少即是多的过程中所经历的煎熬。

## 名字回应训练方法

下面的方法与我之前说过的一些方法不同，因为训练初期是否给予零食并不取决于狗狗的行为。我们并不是要在狗狗做出正确行为时给予狗狗零食的奖励，而只是将狗狗的名字与好东西配对。

因此，在一个没有干扰的安静地点开始名字回应训练吧！在你的训练零食包中准备好大量的美味小零食。如果有必要，将狗狗的牵引绳系在它们的胸背带上。

在本次演示中，我的狗狗将被称为科林。

与狗狗安静地坐在一起。

在安静几秒钟后，用好听、愉快的声音叫它："科林"等待1秒钟，不管科林有什么样的反应，都将一份零食放到科林的嘴里。在这个阶段它看不看你并不重要；重要的是，我们一直引导它产生正面的联想。"科林"→等待1秒钟→喂零食。

就这样做。

每次都完整重复此动作。

几秒钟后，"科林"→等待1秒钟→喂零食。

等待5秒钟，重复上述动作。

等待3秒钟，重复上述动作。

等待1秒钟，重复上述动作。

等待10秒钟，重复上述动作。

做25次这样的重复训练。

在重复的过程中，什么都不要说。如果我们能排除其他所有的外界干扰（如讲其他话或者做其他动作），训练效果会更好。

每天做3~4次这种训练。

确保你在叫科林名字之后的1秒钟就给它喂零食，并保证你在这个阶段不寻求，甚至不期待任何回应行为。

然后，当狗狗熟悉了这个行为之后，改变地点，也改变训练的时间，以此巩固训练。如果有其他人与科林同住，也需要换其他人来开展训练。

另外，不要总是随身带着食物。我们不希望狗狗只有在你带上训练零食包时才关注你。因为这在现实生活中可能会有很大的局限性。因此，在一些训练课程中，将零食放在远离你的地方，比如放在架子上的碗里，或者放在房间的另一边。其他一切都维持不变，在这时叫科林的名字，然后跑到架子旁，拿起零食喂给它。然后又回到你们的起始位置，远离零食，重复上述动作……

一旦狗狗熟悉了名字回应训练（即使你叫的不是狗狗的真实名字），你就可以开始带狗狗“上路”了。如果你希望狗狗能更加频繁地回应你，就带它走平常散步的路线，但是牵引绳要保持松弛。或者你可以把这种名字回应训练作为呵斥狗狗停止某种行为的替代方案。你或许曾经有过一两次呵斥狗狗的行为，那这种替代方案极富建设性意义，且能产生积极效果。

尽管我们始终希望进行正式“训练”而不是“测试”，但时间久了，你就会着迷于狗狗在你说出它们的名字时展现出的美妙扭头动作而时不时叫它们一下。这就是魔力所在！

现在你已经在你的狗狗训练工具箱中加入了“名字回应”这项技巧。接下来就可以好好休息一下了！

还记得在学校里有人一直叫你吗？这真令人心烦，最后你只能说：“这就是我的名字，不要再叫了！”

好吧，科林也有同样的感觉！

保证这个训练有效性的关键是我们不要不分场合地使用狗狗的名字。“科林”在这个阶段必须预示着有好事发生。如果你生活在一个忙碌的家庭里，大家总是说着“科林这个”“科林那个”，那么我会建议你用一个新的、独特的词来做名字回应训练。因此，与其使用狗狗的名字，倒不如使用一个或两个字的词语来让狗狗充分感受到独特性。

来来来，这绝对是世界上最热门的词汇，仅限今天，特价放送，通通都免费送！

崽崽！

宝贝！

耶！

选择其中的一个词并明智地使用它，它就是你的啦！

## 案例研究：布莱恩的故事

我很幸运地成为英国广播公司电视节目《超狗秀》的获胜训犬师。这个节目是由朱利安·克拉里主持的训犬真人秀，每周播放一次，选取了10位英国顶尖的训犬师，与10位名人搭档去训练10只搜救犬。由于第一季大获成功（谬赞，谬赞），我被邀请成为第二季的首席裁判。

第二季中的主人公之一是布莱恩·布莱塞得，他正在训练一只叫道格尔的混血指示犬。在拍摄的空闲时间，布莱恩对我说，他一直在努力让道格尔在镜头面前关注他。他希望道格尔能像第一季中我帮助赛琳娜·斯科特训练的查普一样把注意力放到主人身上。

请记住，你如何传递你的名字和口令至关重要。如果你长篇大论，那关键词就会隐藏在杂乱无章的话语之中，狗狗又怎么会知道该怎么做呢？就正如我在听一首长达数百个词的说唱歌曲，然而你却希望我能够轻而易举地从大量的歌词中挑出一个词，并根据这个词采取行动，真是天方夜谭。当你对狗狗这样做的时候，它们会想：我是要对一切作出反应，还是忽略一切，到底该怎么做呢？它们根本不可能想到，忽略这个词，忽略那个词，然后注意到一个词并采取相应的行动，接着再忽略后面的词……

所以，当你给出一个口令时，最好这个口令只有一个音节，简洁、独特且保持前后一致。

所以，当我与布莱恩·布莱塞得在一起时，我尝试着教他进行如上所述的名字回应训练。

我：好的，布莱恩，我希望你叫一次“道格尔”，然后就给它喂零食。

布莱恩·布莱塞得：看这，道格尔……是的，就是这样，好孩子，道格尔，然后……

我：差不多是这样，布莱恩。但这一次，你只要说它的名字，“道格尔”，其他的什么都不要说，然后就给它喂零食。

布莱恩·布莱塞得：你说得对，史蒂夫……啊，道格尔，你真棒！

这才是乖孩子。现在，看这里，道格尔……

我：快成功了，布莱恩。你现在只需要说一个词“道格尔”，其他什么都不要说，我知道你可以的。这样我们就可以完美地完成名字回应训练。

布莱恩·布莱塞得：难道我没有这样做吗？哎哟，那我现在重新说……看这，道格尔……你真漂亮，是的，就是这样，你做到了，你做到了……

我：说得很棒，布莱恩。祝你在今晚的节目中一切顺利！

第十三章

# 眼神交流

Eye Contact

## 为什么要教眼神交流?

毫无疑问，眼神交流能让其他训练更容易。如果一定要我说一个我所认为的最佳训练，那就是眼神交流！它是本书中所有其他训练的基础。简而言之，如果狗狗没有注视你，那它们很有可能根本就没在听你说话！如果做法正确，那稳固而可靠的眼神交流可以成为其他一切训练的基石。

我希望狗狗总能思考以下内容：

- 如果我想得到什么好处，就抬头看看主人。
  例如：与我的主人一起玩游戏。
- 如果我想要什么东西，就抬头看看主人。
  例如：放开我的绳子，让我跟其他狗一起玩。
- 如果我感到紧张或害怕，就抬头看看主人。
  例如：当骑着滑板车的小孩向我冲过来时。

与往常的训练不同，我并没有给眼神交流这个动作配上口头指令。如前文所述，我希望狗狗主动与我进行眼神交流，让好事得以发生，而不是我要求它必须这么做。如果我在某种情况下觉得狗狗有必要看向我，那其实是亡羊补牢，为时已晚。这或许是比喻，或许是字面上的意思，你们自己体会！

我喜欢让狗狗总是思考以下问题：我怎样才能让主人……

- 和我一起过马路?
- 给我一个口令?
- 打开后门?
- 扔球给我?
- 和我一起在人行道上散步?

  答案是：抬头看主人!

我们以前谈的“指令”都是口头上的，但实际上指令有几种形式。让我举几个例子给你们解释一下。作为训犬师（不管你喜不喜欢这个称呼，此时此刻你就是训犬师），我们倾向于认为指令就是口头的命令，比如“坐下”“过来”等。但是指令可以来自周围的环境，也可以来自我们的口中。比如说：

- 打开狗窝的门可能就是提示让狗狗跑进去。
- 打开食物训练包可能就是提示狗狗要乖乖坐好!
- 听到门铃响了，狗狗可能会发疯似的大喊大叫，也有可能会到处寻觅你的踪影。决定权在你手上，你可以强化你希望它在未来多做的行为!

因此，如果有可能的话，我希望狗狗能主动与我进行眼神交流。如果我确实需要狗狗看向我，比如我们在宠物医院，看到一位老太太提着一只猫笼向我们走来。这时，我就会要求狗狗进行“名字回应”或做一些“召回”动作。

眼神交流也是一种很棒的互斥行为，可以应对许多问题。（这些问题往往对主人来说困扰更大一些）比如说：

- 如果狗狗在散步时抬头看向你，它就不能同时拉紧绳子。
- 如果狗狗在玩的时候抬头看向你，它就不能同时对其他狗吠叫。
- 如果狗狗抬头看向你，它就不能同时跳起来扑向在公园里和你聊天的孩子。

你能想象以上这些场景吗？很好，让我们开始训练吧！

1. 与狗狗一起坐在地板上，并在手上放一把零食，然后握紧拳头，将握满零食的拳头伸到狗狗面前。

2. 什么都不说。（这是练习中最难的部分）让狗狗舔你的手，用爪子触摸你的手，等等。它为了得到零食，会尝试一系列的行为。我们在这里的技巧就是等待，直到狗狗做出我们想要的行为。

3. 盯着狗狗的脸看，然后在它抬头看向你的一刹那说“真棒”，然后将你手上的食物给它。与以往一样，在这个阶段不要太贪心；只要它能看一眼你的上半身，就足以让你说“真棒”并给它吃的。随着你重复的次数越来越多，就可以提高标准，让狗

狗从只是看上半身转变成眼神交流。总之，让我们继续……

4. 让狗狗尽情享受，并吃完每一次的零食。然后将握满零食的手绕到狗狗前面，重复训练一次。

在这个训练中，有三个重要因素不可或缺。而事实上，这三个因素对于所有训练，都十分有效：

1. 动机：狗狗是否对零食有强烈的动机？如果不是，那就买些更美味的零食，或者把训练地点选在干扰比较少的地方或在一天中的不同时间来进行训练。记住，狗狗不会失去注意力，它们只会转移注意力。

2. 耐心：放松点，这不是一场比赛。只要你能看到狗狗对食物的渴望，那么，通过一次次试错，狗狗就会发现什么样的行为可以获得零食。（我爸爸常说：“耐心是一种美德，如果可以的话，保持耐心，毕竟耐心在狗狗身上很少有，人类中间更是难找寻！”）

3. 时机：为了让狗狗准确意识到什么行为能带来奖励，请确保你能掌握正确的时机，在狗狗的眼睛看向你的时候说“真棒”，然后送上奖励。

事实上，你通过说“真棒”来标记行为意味着你不必急于提供食物。为了达到完美的训练效果，确保你说“真棒”之后，再开始移动你的手来给它喂食。如果你不通过说“真棒”来标记这一行为，狗狗仍然会享受食物，但它们不知道为什么会得到食物，这意味着它们不知道下次要重复什么行为。

就像所有训练一样，重复、重复、再重复，这是关键。

在不同的地方进行上述训练来巩固狗狗的行为，并记住要让你初期的训练简短而愉快。如果狗狗对食物的欲望足够强，你应该在5～10分钟的练习时间内获得10～15次的“眼神交流”来强化狗狗的行为。你最好在同一天的不同地方做几次简短的训练，而不是进行一次马拉松式的训练，因为那样会减弱狗狗的动力，削弱狗狗训练的巩固效果，最后导致狗狗训练进步缓慢。

在上述第1～4点中，我们首先把重点放在获取眼神交流和强化这个行为上。如果你想要在现实生活中延长眼神交流的时间（例如，当一只可怕的狗经过时）并建立你的“连接耐力”，那就在训练中增加一下眼神交流的时间吧。

1. 完成前文步骤，直到你的狗狗变成一个“注视机器”！

2. 当狗狗与你进行眼神交流时，等待1秒钟再说“真棒”，然后强化此行为。最后重复、重复、再重复。

3. 当狗狗与你进行眼神交流时，等待2秒钟再说“真棒”，然后强化此行为。最后重复、重复、再重复。

4. 随着时间的推移，在每次训练中增加眼神交流的时间；与此同时，偶尔加入只有一两秒钟的短暂眼神交流，以保持狗狗的参与度，让狗狗无法预测“好运”何时会降临。

所以，当你和狗狗一同坐下来，并把握着零食的拳头放在狗狗面前时，狗狗已经能与你进行眼神交流了吗？没问题了？很好，那我们就来玩点花样吧！

让狗狗记住：看向你＝好事发生＝零食来了，但要时不时地改变一下训练的模式，以确保无论周围发生了什么事，你都能与狗狗进行坚定的眼神交流。

可以在椅子上训练，也可以站着训练，或者你觉得好玩的话，也可以躺着训练。甚至可以在学校门口、冰激凌车附近或公园里训练。

与常识不同，有时不一定是熟能生巧，而是巧能生巧，所以要确保你在每次练习中都设定了正确的标准，并排除你能想到的所有干扰，让你与狗狗能有个完美的眼神交流。

## 案例研究：洛林和安格斯

我曾有幸在英国的电视节目《洛林秀》中与洛林和她的小边境㹴犬安格斯一起工作过几次。洛林遇到了一些常见的狗狗问题，如咬人、无法正确上厕所、无法正确召回、不知道怎么将安格斯介绍给其他狗狗，等等。但是，她有个很好的做法就是一开始就把安格斯带到工作室里。当我们在谈论排除干扰性训练时，我不确定是否还有比电视直播间更令人分心的环境！因为安格斯每天都有幸与洛林一起工作，所以我们必须马上教会它眼神交流，这样不管周遭的环境多么纷扰，它和洛林都能保持同频。他们的关系很好，因为安格斯知道，与主人保持眼神交流就会有美好的事情出现，包括训练、爱抚、游戏和安全。这都要归功于眼神交流和洛林所付出的努力。

# 第十四章

# 松绳散步

## Loose Lead Walking

## 什么是松绳散步？为什么要教这种方法？

松绳散步就是狗狗以轻松愉快的方式与你并排行走。你将绳子拴在狗狗的胸背带上，当你们并排行走的时候，牵引绳呈现出很松弛的状态。定期散步对提高狗狗的生活质量非常重要，它们可以通过散步来探索外界的乐趣，与外界产生良好的互动。与狗狗一起散步有可能成为你们生活中最愉快一种活动。但是，如果你没有教会它正确的松绳散步的方法，这也有可能成为你人生中的噩梦。紧紧拽着绳子不仅没有必要，也会给你们双方带来身体和精神上的压力。

## 为什么狗狗会拉紧绳子？

它们有统治的欲望？不！

它们想成为群体领袖？不！

它们通常比人类走得快？是的！

我们的工作是教会它们与我们一起并排行走，这样它们能获得最好的奖励。而最快获得奖励的方法（如获得下一次的美味零食、到公园玩耍、与其他狗狗一起玩耍等）就是一起松绳散步。

## 松绳散步训练步骤

正如前一章所述，如果狗狗在你不动时向你打招呼，那就是狗狗在与你进行眼神交流。如果狗狗在移动中与你打招呼，那你就掌握了松绳散步的基本方法。你已经成功让狗狗掌握了眼神交流，这为松绳散步建立了良好的基础，那接下来让我们更进一步，把眼神交流融合到松绳散步中吧！理论上讲，如果狗狗在移动中看向你，它们就不能同时拉紧绳子。

1. 从不使用牵引绳开始。站起来，将握满食物的拳头放在狗狗面前。慢步向后走，让狗狗跟着你；一旦它们一边走一边看向你时，你就说“真棒”，并进行奖励。

2. 重复慢步向后走的动作，并在狗狗每次看向你的时候强化此动作。

3. 改变你的方向：不要向后走，而是侧向小步走，左右移动，或是沿弧线行走。一如既往，当狗狗看向你时说“真棒”，并强化这个动作。这真是个好法子！

4. 如上所述，为了增加干扰，现在在狗狗的胸背带上系上轻巧的绳子，通过说“真棒”来标记狗狗行走过程中的任何眼神交流。注意不要踩到绳子，在此阶段要以小碎步慢慢移动。

5. 如上所述，但要握住绳子。

6. 如上所述，但要改变训练位置。

7. 如上所述，但开始以正常的步伐向前行走。

8. 尽可能多地在不同的地点巩固这个行为。

嘿，很快，你的狗狗就能熟练掌握松绳散步的技巧啦！你们都将能舒适地享受散步的乐趣。狗狗娇嫩的身体不会因为绳子拉得过紧而受伤，而且你也可以避免肩膀被拉伤。双赢！

由于你已经将眼神交流的方法深深刻进了狗狗的脑中，因此，将其升级为松绳散步就是一种很棒的行为。然而，训犬的精妙之处在于你只要掌握了要点，就能随心所欲想出不同的训练方法。让我们来看看关于松绳散步的一些其他训练技巧……

# 醉汉式遛狗法

多年前，我曾在教授狗狗小组课程的过程中开发了“醉汉式遛狗法”，并快速取得了成功。我想有一天我应该添加一个版权保护标志来保护一下知识产权，但你知道的，我是个乐善好施的人。

开始时，你需要准备一条大约1.5米长的绳子，并将绳子连接到狗狗的胸背带上。然后将你的两只手握在一起，放在你的裤腰带搭扣附近。如果你会本能地扯紧绳子，使绳子不自然地收紧，你可以把你两只手的大拇指别在裤腰处。这也是一种互斥行为，通过这种方式，你的问题就解决了！将你的零食袋别在裤腰上，并确保里面装满了美味的小零食。在你出发前，强化几次眼神交流练习，这样狗狗就知道是时候要调整好自己的注意力了。

1. 不要用“训犬师遛狗”的方式来进行训练，而是非常缓慢地行走，在任何一个方向上都不要超过5步。不要快速直线前行，也不要突然来个90° 的转弯。走小碎步，有时正面向前，有时蜿蜒前进，有时倒退几步。要保证步履缓慢，每次走一小步，就不断改变方向。想象一下，你在星期六凌晨3点，试图把钥匙对准钥匙孔时的那种踉跄的步伐，那就是我说的“醉汉式遛狗法”的步伐。

2. 如果在你行走的过程中，牵引绳松弛了，就说“真棒”并给狗狗吃点东西。理想情况下，最好在移动中给狗狗喂零食。这是一个很好的机会，能让狗狗知道好东西有时会出现在行走中，有时也会出现在静止不动时 。如果我们只是在静止不动时给狗狗喂零食，那狗狗就会在我们行走的时候，很快出现注意力分散的现象。

## 强化位置

狗狗和我们一样，会在有好东西的地方逗留。如果未来我们希望狗狗在我们左侧行走，那么就应该在狗狗位于我们左侧时喂食物，反之亦然。

经过几次短期训练后，就可以提高训练标准了。像以前一

注意：

在许多训狗俱乐部中，有一条历史悠久的规则（其实是无稽之谈），即狗狗应该走在主人的左手边。这只是其中一条被硬性灌输的规则，却很少被质疑。你有没有问过这是为什么呢？最初的原因是，过去训狗主要用于军事方面，所有的狗狗都被训练得乖乖跟在左手边。这样，训导员就可以很容易地用右手取枪和开枪。而在如今的狗狗课程中，要求狗狗跟在左手边已经没有任何意义了。你觉得怎样舒服就怎样做吧！

样出发，重复前几次的松绳散步训练，并给予奖励。下一次当你慢慢行走时，如果绳子仍能保持松弛状态，不要马上主动说“真棒”或者给予零食……而是耐心等待。

我们在这里要做的是让狗狗对自己说：“我在主人身旁缓慢地走着，我没有拽紧绳子，所以我应该得到一份零食，我的零食在哪里？”

一旦它满脸期待地抬头看向你，仿佛在说“喂！我的零食在哪里？”时，你就赶紧说“真棒”，并进行奖励。

现在我们有了一个新的标准，那就是将零食奖励作为狗狗抬头看你和在行走时与你眼神交流的结果。在移动中进行眼神交流——这就是我们梦想中松绳散步的样子！

在这里不要操之过急：尽管其他书籍和训犬师会告诉你松绳散步简直难于上青天！但是你应该一如既往，稳扎稳打，并尽可能在不同地点巩固训练成果，以打下坚实的基础。

最初的训练时间不要太长：每次5~10分钟就足够。让狗狗知道现在是训练时间，同时也是娱乐时间或机会之窗开启的时间。

我喜欢在训练之前和狗狗玩一会，然后说：“想做一下训练吗，伙计？”然后我会重复几遍眼神交流，来让我们进入状态。我知道这听起来很傻，但这是让我们相互关注的好法了。想象下，你参加了舞蹈课却不知道课程什么时候开始，你该有多么不知所措。

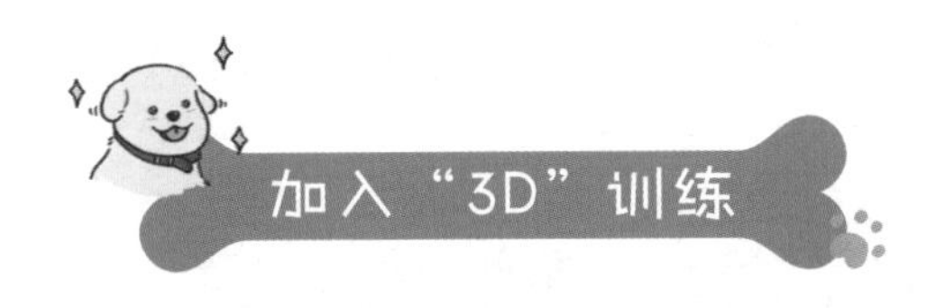


## 加入“3D”训练

一旦你们一起散步时，狗狗开始时不时地抬头看你，我们就可以开始进行“3D”训练了。想必你对“3D”的理念已经很熟悉了，现在我们将松绳散步和“3D”联系起来：

距离：与前面绳子一松弛就奖励不同，你可以走2~3步看看绳子是否依旧保持松弛的状态，再说“真棒”并进行奖励。继续走4~5步，然后超过5步……

持续时间：与前面绳子一松弛就奖励或者专注于增加奖励前的步数不同，你可以试着改变你的步伐，有时走两三个快速的小碎步，有时走两三个缓慢的步伐。你在这里设定的标准就是绳子松弛的持续时间。在狗狗松绳行走2~3秒钟后进行奖励，然后是4~5秒，然后超过5秒。

分散注意力：训练同上，通过在不同的地方练习，慢慢适应有干扰的训练环境。然而，要始终以成功为目标，不要半途而废。

如果某个特定的环境对狗狗来说干扰性太强，那可能事实的确是这样。不要强迫狗狗在那样的环境中训练，而是转移地点或是让狗狗放松下来，暂时不要担心狗狗行走时绳子是否松弛，你只需与狗狗坐在一起，让它观察、学习和适应周围的环境。如果它需要去探索，就陪它四处看看。不要因为要坚持充当训练者或领导者的角色而与它发生冲突。

来日方长，你们的关系永远是排第一位的！

这里有一个让所有专家都不高兴的方法！

从表面上看，我发明的这个方法可能看起来有点颠三倒四，但是却有一定的道理，让我来解释一下……

我们的目标是让狗狗最后不用牵绳子。

拉紧牵引绳的定义是：走几步路，狗狗和主人之间的绳子就会拉紧。

如果我能发明一种让狗狗自我纠正的方法呢？那我可就发财了！

1. 在你站好不动的情况下，重复做几遍眼神交流练习。这将使狗狗进入状态，更为重要的是，提醒它，当你说“真棒”时预示着你会给它奖励。

2. 握住牵引绳，将两只手放在腰带搭扣附近。然后开始缓慢地小步直线行走。

3. 一旦牵引绳变紧，就说“真棒”，并给狗狗喂零食。

别担心，你并不是在强化拉紧绳子的行为，你所做的是在

培养一只具有自我纠正能力的狗狗。相信我，我就是靠这个吃饭的！

请记住我前面说的，拉紧牵引绳的定义是走几步路，狗狗和主人之间的绳子就会拉紧。如果你能在狗狗拉紧牵引绳的一瞬间，就给狗狗喂零食，那么奖励的预示物就变成了“牵引绳被拉紧”。

现在我们的训练过程分为两步：

1. 拉紧牵引绳＝“真棒”＝主人喂零食 。

2. 拉紧牵引绳＝回过头看主人，期待着零食的出现＝“真棒”＝零食。

重复几次步骤1，以建立拉紧牵引绳和狗狗回头看你之间的联系。一旦你看到狗狗在拉紧牵引绳时就有回头看你的迹象，你就说“真棒”，然后进入步骤2。只要狗狗知道什么行为会带来零食，只要它们对食物有足够的渴望，那它们就不可能继续拉紧绳子。

这种方法为我们提供了一个机会，使我们能够快速地进行训练。一旦我们成功强化了狗狗的自我纠正行为，并让它们回过头来看我们，我们就有了一个更为合理的逻辑继续训练，即适时地在狗狗进行松绳散步时给予奖励。强化的方法则是不断地调整距离，分散狗狗的注意力和适当延长时间。

不要害怕在狗狗松绳散步时加入一些你曾教会它的有趣的口令。例如，走几步，然后说“坐下”或一些你将在本书后面学习到口令，如“鼻触训练”和“到冰箱那去”等。

## 案例研究：狗狗什么都没说

这是一个真实的故事！我曾在里士满公园为一位狗主人和他的狗狗做一对一的松绳散步训练，这是我职业生涯中最喜欢的片段之一。

在我的训练中狗主人和他的狗狗都表现得非常好，他们会沿着小路通过松绳散步来巩固他们学到的所有知识。沿着小路另外一个方向走来一个人，他牵着一只德国牧羊犬，这只牧羊犬正在疯狂地爆冲。狗主人看起来疲惫不堪，而且怒不可遏。为了阻止他的狗狗向前爆冲，他做了最后的努力。他停下来，绕到狗狗面前，用手指着它说："你瞧瞧你！我们在出门之前已经谈过这个问题了！你怎么还是犯老毛病！"

那只狗狗什么都没说。

于是，我给了那个人我的名片。

# 第十五章

# 召回训练

## Recall

当你召回狗狗的时候，狗狗就会以美洲狮的速度向你冲过来！

如果你打算让狗狗不系牵引绳在外面自由行走，那么为了安全起见，你必须学会召回的技巧，以确保每次外出都尽可能地让你们双方都保持愉快。如果你的狗狗跑向公路或其他危险的环境，优秀的召回技巧可能会拯救它们的生命。就是这么重要。

实际上，召回狗狗的方法非常多，我只在这里给你们“加点课”。以下是顺利召回狗狗的一些方法和技巧！不要只选择一种方法，而是在不同的时段和不同地点使用不同的方法，以确保训练充满乐趣。

在开始之前，有几点需要注意：在所有的召回训练中，我们希望强化的是狗狗向你跑来，而不是慢吞吞地行走或者小跑。狗狗最终会做出我们奖励过的行为。如果在你全权主导的训练中，你认为缓慢、无精打采地蜿蜒前行就达标了的话，那么当我们在公园里实战应用时，其他的狗狗、鸟类，以及松鼠便便都会干扰到狗狗的召回。

我们希望你喊口令的口吻始终是超级友好的，因为它预示着你会给狗狗带来好东西。永远不要用愤怒的声音呼唤狗狗，无论你当时的心境多么糟糕！愤怒的声音或肢体语言意味着你不会给狗狗带来好东西，你的口令可能会失效，召回也会变得没那么高效。

我们也希望你的召回口令总是超级有效。我们不希望狗狗养成无视你口令的习惯，因为这将降低口令的效果和训练标准。如果你没有把握在你第一次喊出“过来”这个口令时，就百分之百将狗狗召回，那就不要喊口令。你可以自己过去找狗狗。这种训练对你也有好处！

最后，给予狗狗丰厚的奖励。就像我说的，一个好的召回可以挽救狗狗的生命。这项投资非常值得，所以在强化行为之后要慷慨地给予狗狗奖励。

在这个练习中，我们需要两个人（你和另一个人，我们就暂时叫他“伍德豪斯”）。

1. 让伍德豪斯蹲下身子，在你向狗狗展示手中的零食时，他轻轻地抓住狗狗的胸背带。

2. 在伍德豪斯继续抓住狗狗的胸背带的情况下，你便跑开。一旦跑到10米左右的地方，就让伍德豪斯放开狗狗，让它奔向你。只要狗狗向你奔来，你就继续慢跑并大声兴奋地喊："过来！"我们所做的就是将跑向你的行为与"过来"的口令配对。我们希望练习在公园实战时需要的东西。当你离狗狗有段距离的时候，你要用较大的声音呼唤它。同时确保你的口令在训练中保持一致。

3. 当狗狗追上你时，就立即蹲下，给它一个大大的拥抱，并用你手中的食物奖励它。

4. 如上所述重复数次。然后再次重复，但在伍德豪斯让狗狗跑向你之前就开始喊"过来"。现在一切都在我们的掌握之中，一切都按正确的顺序进行："过来"＝狗狗跑向你＝奖励＝狗狗快乐＋你也快乐＝我也快乐！

5. 特别提示：为了保持狗狗的速度，当它快追上你的时候，可尝试向其奔跑的方向投掷食物。

一旦你完成了上述训练，我们就可以玩点花样，把你变成"召回圣斗士"！

1. 当狗狗追上你时，你就面对它，把零食放到你的两腿之间的前方区域内，鼓励它跑到这个位置来获取零食。这将提高召回的速度，因为狗狗会直接加速并奔向你的腿边来吃零食，而不是在5米之外就踩急刹车。

2. 再走远一点，转身并面对狗狗，当它吃完上面的零食并抬头看向你时，说“过来”，然后在你的腿边放另一份零食，让狗狗来追赶。

3. 当狗狗吃到零食后，你就向相反的方向慢慢跑去，以增加你与狗狗之间的距离。然后再次面对狗狗，把召回训练变成一个令人兴奋的追赶或追逐游戏，以增加训练的趣味性。

4. 每次狗狗冲刺以获得奖励时，就在下一次重复时将距离拉得更远。

5. 注意：你不需要说加油！

如果你被限制在一个有限的区域内，或者你没有自己的“伍德豪斯”来帮忙，那这个召回训练很适合你。这对公园训练来说也是个很好的过渡，因为它所需的空间很小，这就意味着你不太会碰到可能出现的干扰。

1. 用三个标记物（比如花盆）或仅用你的想象力在地上摆出一个三角形，三条边大约10步长。你与狗狗站在第一个定点。

喊“过来”，然后迅速将三四颗零食放在你脚边的地面上。尽管狗狗站在你身边，仍要在将零食放在地上之前说“过来”。这是一次向狗狗展示“过来”的声音实际上预示着什么（好东西）的绝佳机会。当狗狗开始吃东西时，你悄悄地走到第二个定点。

2. 你现在站在第二个定点上，在狗狗吃第一个定点上的零食时，你转身面向狗狗。当狗狗吃完零食并抬头时，你就大喊“过来”，并在脚边再放上三四颗零食。

3. 当狗狗跑到第二个定点去吃零食时，你立即跑到第三个定点。

4. 当狗狗在第二个定点吃完零食后抬起头来时，你就在第三个定点大喊“过来”，并在你的脚边放上三四颗零食，让狗狗跑过来吃。

5. 重复……一直重复！

每次投放不要只放一颗零食（你这个吝啬鬼）。我希望你使用三颗或四颗的原因是狗狗捡起零食所需的额外时间能足够你走到三角形的下一个定点。随着时间的推移，这也将帮助你增加召回的距离。

如果你不喜欢前两项耗费精力的训练，那我们来换种训练方法吧！

好吧，采用支点召回法进行训练，你不需要在散步时停下来，它可以完美地融合到你平时的散步中。它之所以被称为支点召回法，是因为狗狗所有的运动都是以你为中心。

1. 让狗狗看到你向左手边扔出一块食物。

2. 当狗狗吃完食物抬头时，你说“过来”，当狗狗跑向你时，再向你的右手边扔出一块零食。

3. 你可以继续缓慢而稳定地向前走，直到狗狗抬起头来，然后说“过来”，再向你的左手边扔出一块零食。

这是一个很好的非正式练习，你可以在散步时随意将其融入其中。你不但能强化召回这个训练技巧，也能让狗狗了解到，当它们外出时，如果还希望再次开始这个召回游戏，那用眼睛看向你是非常重要的！

## 捕捉召回的机会

如果狗狗恰好做出了你喜欢的行为，比如在散步时即使你没有喊出口令，它仍然向你走来，那就赶紧捕捉这个机会，用美味的零食来强化这一行为。如果捕捉的行为得到了强化，那么该行为就更有可能在未来再次出现。你将会有很多机会来捕捉和强化狗狗所做的优秀行为，所以不要错过机会，用你喜欢的行为来补充狗狗的待做清单！让你想看见的行为重复出现！

为了不断提高狗狗的召回能力，请确保你在不同的地方做上述练习，以验证该行为，让狗狗对这个行为的记忆更加牢固。不管别人怎么说（有的人说话就是吹牛），没有哪只狗能做到百分之百召回，所以要明白，召回训练永远在路上，没有尽头。

尽情享受这段旅程吧！

## 紧急召回

但是，如果狗狗在我召回之前就意外地松开了绳子怎么办？如果我发现我教的召回方法并不像我想象中的那么可靠怎么办？如果那个小家伙不听话，松了绳子不回来怎么办？

好吧，如果发生这种情况，那这时候就不是一个训练的好机会，而是一个紧急情况。如果你是为速度而生（比如，你是世界第一短跑运动员尤塞恩·博尔特），而你的狗狗却不是这种类型（比如它们是斗牛犬），那么请在狗狗遇到麻烦之前跑过去抓住它们。但是，如果你的狗狗正在玩“远离”游戏，而你知道自己不可能抓住它们，那么请尝试以下方法：

1. 躺在地板上，将你的腿踢向空中，同时发出奇怪的声音。（我打赌你现在一定希望你掌握了一个很好的召回技巧）这种怪异的情况往往能吸引你家那只好奇的狗狗回到你身边。

2. 朝远离狗狗的相反方向跑去，这可能可以鼓励狗狗来追赶你。因为它们害怕被抛弃。

3. 拿出狗狗最喜欢的玩具并开始一边玩一边发出声音。如果你看起来像是正在享受生活的乐趣，那狗狗也会希望从你的快乐中分一杯羹。

正如我所说，上述三种都不是训练的方法，它们只是一种应急选择，仅仅在你的召回训练还没有熟练掌握时使用。

关于召回，重要的一点是：与狗狗外出时要小心，不要在不安全的情况下让它们脱离牵引绳，毕竟它们在你生命中太珍贵了。

## 案例研究：一个值得警惕的故事！

召回能力差不仅会给狗狗带来潜在的危险，也会让你付出相当大的代价！我很幸运被招募来训练电视节目主持人格雷厄姆·诺顿的狗狗贝利，它是一只热爱生活的拉布拉多犬，当时它大约两岁。我第一次见到格雷厄姆时，他告诉我，像所有耐心、负责任的狗主人一样，在出门遛狗之前，他会牵着绳子，拿一些备用的拾便袋和大量的零食。然而，贝利习惯无视他的召回口令，经常去抢夺海德公园周围野餐人群的食物。格雷厄姆在散步前除了将食物和拾便袋准备好之外，还得从自动取款机上取出一叠10英镑的钞票，因为他经常需要在贝利身后跑来跑去，给别人钱，以赔偿贝利在他们蛋挞上留下爪印的行为。

我们决定再退一步，所以我们在一个没有多少干扰的环境中来教贝利“过来”的价值。在这几周里，我们抓住一切时机，来加强贝利在外出时与格雷厄姆打招呼的技能。重要的是，我们在任何地方都没有去掉贝利身上的绳子，因为我们还不太相信贝利能立马成功地回应我们的召唤。

随着时间的推移，贝利的召回能力越来越强，也越来越能适应逐渐增多的干扰。格雷厄姆最终能够继续在海德公园遛狗，并不必担心贝利去抢夺他人的食物。

# 第十六章

# 鼻触训练

## Nose Target

## 鼻触训练是什么？

你伸出你的手，说“碰一下”，然后狗狗就会用它们的鼻子触碰你的手！

## 为什么要教鼻触训练？

一个好的鼻触训练有很多其他训练所不具备的潜在好处。它可以：

- 与人类的手建立积极联系。
- 鼓励狗狗在与人类打招呼时“四脚着地”。
- 在梳理毛发或健康治疗等操作过程中保持静止的姿势。
- 把狗狗的注意力转移到你身上，以防你面前的人不适应狗在旁边。

## 鼻触训练步骤

1. 将零食放在你右手第三根和第四根手指之间。
2. 确保狗狗的注意力在你身上，并将你的右手放在背后。

3. 从你的背后，伸出你的右手，放到距离狗狗的鼻子30厘米处，伸出手的新奇感加上你指间的食物诱惑，将吸引狗狗的鼻子向你的手的方向移动。

4. 当狗狗的鼻子接触到你的手时，说“真棒”，然后将你的右手放回背后，用另一只手喂狗狗零食来强化狗狗的行为。之所以不用刚刚训练的那只手给狗狗喂零食是因为我们不想让狗狗认为只有手上有零食的时候，才值得触碰你的手。之所以在狗狗用鼻子触碰你的手之前或之后拿出和收回右手，是为了突显右手的独特性，这也是口令的一部分。狗狗是充满好奇心的动物，它们可能会想检查一下刚刚出现的那只手。

5. 在几次成功的重复之后，尝试在你的右手没有诱饵（零食）的情况下进行几次训练。

6. 一旦这种行为被训练得自然流畅，就可以在你伸出手时，加入“碰一下”的口令（一旦狗狗做出了这个行为，就说“真棒”，并像之前一样用零食来强化此行为）。我们之所以要在这个行为上加上口令，是因为有时候狗狗没有看我们，但我们仍然希望此时狗狗能做出触碰的动作。

## 增加持续时间

先说出期望的行为，然后快速说“碰一下”的口令，可以帮助狗狗把注意力从冰激凌转移到我们身上或者做出一个互斥行为，而不是跳起来扑人。然而，如果我们能延长狗狗用鼻子触碰的时间，那么我们就可以将该行为用于帮助狗狗修理和梳理毛发。以下这几点至关重要：

1. 继续执行第175页的鼻触训练步骤。

2. 继续发出“碰一下”的口令，然后当狗狗将鼻子伸向你的手时，等待1秒钟，而不是一触碰你的手就说“真棒”，然后只有当狗狗的鼻子一直在触碰时，再说“真棒”，并用零食来强化此行为。随着时间的推移，逐渐增加每次接触的时间。

3. 与所有训练一样，要提高标准，可以通过加入“3D”训练来实现。

好了，现在我们在要求狗狗用鼻子触碰的时候，已经得到很多回应了。让我们用下面的例子来改变一下环境，以验证这个口令的可靠性，并为你和狗狗增添一些乐趣!

1. 获得狗狗的触碰后，将零食扔到离你几米远的地方，让狗狗去追逐零食，并吃下。一旦当狗狗吃完后回过头来时，你就说“碰一下”，伸出你的手，当狗狗的鼻子碰到你的手时，标记此行为，并像以前一样抛出另一份零食来强化此行为。这种方法使训练更加生动，并能为召回训练打下良好的基础。它还结合了所有狗狗喜欢的东西：奔跑、嗅探、吃东西、学习和与你相伴。

2. 除了让你的手一直保持在同一高度之外，你还可以让手在高处、低处或放在你的腿边等方式，来增加训练的趣味性。让狗狗一直猜测你的手接下来会出现在哪里，保持其参与度。

## 案例研究：悲伤的冰激凌

这是一个真实的故事。很多年前，当我还是个孩子的时候，我在海滨的狭窄步行道上与邻居家的达尔马提亚犬一起散步。当我们快乐地散步时，有一家人向我们走来。这家人中的一个小男孩，大概5岁的样子，因为赢了摔跤比赛，所以得到了一个足以噎住驴子的超大冰激凌。你猜对了，当这个男孩经过我们身边时，狗狗毫不犹豫地伸出了长长的舌头，并咂吧咂吧地舔掉了甜筒里五分之四的冰激凌！我并不为此感到骄傲，亲爱的读者，但我和狗狗继续往前走着，除了那个男孩，没有人注意到这件事的发生。当我终于鼓起勇气从大约30米远的地方回头看时，那个可怜的孩子站在那里，手里拿着空的甜筒，看起来就像自由女神像刚刚看到了魔术表演一样！

# 第十七章

# 与“走开”相关的问题

## The Trouble with "Leave"

你训练狗狗的方式是运用了在训犬领域中被称为“操作性条件反射”的方法。你首先要求狗狗做出某种行为，然后正面强化它，以便狗狗在未来能够更加顺畅、更加自如地做出该行为。

这对你的教学和狗狗的学习来说都是一种非常简洁有效的方式。没有不良后果，没有可疑的副作用，每一次正向强化都会对你、环境和训练整体上产生积极的影响，所有这些都是对你们关系的良好投资。

那么，“走开”口令的训练是什么样子的？使用“走开”这个口令的问题在于它并没有教会狗狗你真正想要它们做什么。“走开”往往是我们人类试图对狗狗使用的一种常用口令，但仔细想来，这种口令指示性并不明确。不幸的是，我看到它更多地被当作一种威胁手段。一如既往，最有效的策略就是要求狗狗做你真正想要的行为，而不是用一个模棱两可的概念来要求它们，比如说“走开”。想象一下，如果我现在突然闯入你家并说“走开”，这其中可能就有多种意思，尽管我们是同一个物种，说着同样的语言！

正如我在本书前面所说，“走开”口令并没有通过“死狗测试”，也就是说，如果一只死狗能做到，它就不是你该发出口令让狗狗去做的行为！

想象一下你走进一个房间，里面有一位老师，摆着100张椅子。椅子的编号是1~100。这个老师不想让你坐在1~99号的任何一张椅子上。每次你要坐的时候，老师都会说“不！”“错了！”“走开！”“不要坐这！”“不正确！”等等。

以下是可能产生的不良后果：

- 你会感到非常困惑。
- 你会变得很沮丧。
- 老师也会变得很沮丧。
- 你会失去动力。
- 你会觉得从老师那里得来的消息都只会是坏消息。
- 你不喜欢待在房间里，也不喜欢和老师在一起。
- 最终，如果你真的想坐下来，你会学会无视老师的口令。你会坐下来，而这正是老师不想让你做的行为。但是因为坐着很舒适，你的行为却不断得到强化。

想象一下你走进一个房间，里面有一位老师，摆着100张椅

子。椅子的编号是1~100。这个老师不想让你坐在1～99号的任何一张椅子上。所以，他要求你坐在100号椅子上。当你坐在100号椅子上时，他会给你一块你最喜欢的巧克力。

以下是可能产生的后果：

- 你很喜欢这个老师！
- 明天，你会希望有机会再一次坐在100号椅子上，并心怀感激。
- 老师很高兴。
- 你也很高兴。
- 你还没有碰过1～99号椅子。

这下我们又回到了前面所说的互斥行为。要求狗狗去做你想让它们做的事比使用消极的打断方式，如“走开”“不”要有效得多。这些口令实际上从未告诉狗狗你想要什么。最好的情况是，“走开”或“不”的口令可能会让狗狗陷入迷茫；而更坏的情况则是，这会破坏你们之间的关系。

当我拜访客户时，我经常会在一张纸中间画一条竖线，并要求他们填写左侧的那一栏，我把它命名为“你不希望狗狗做的事”。

页面如下所示：

| 你不希望狗狗做的事 | |
| --- | --- |
| 扑向客人 | |
| 把我拉到其他狗身边 | |
| 在公园里翻垃圾 | |
| “偷走”厨房里掉落的东西 | |

然后，我会处理右侧的栏目，我将其命名为“你希望狗狗做的事”。老实说，通常这一栏才是关键……

比如，客户的狗狗有在公园里翻垃圾的问题。我会对客户说：“很好，那你希望狗狗做出什么行为？”

他们总是会回答：“我希望它不要在公园里翻垃圾！”

这里“不要”并不是一种行为！

接着我们会仔细讨论，然后客户会想出他们在每个场景中想要狗狗做出的行为。

栏目补充完整之后，呈现的内容如下：

| 你不希望狗狗做的事 | 你希望狗狗做的事 |
| --- | --- |
| 扑向客人 | 坐着跟客人打招呼 |
| 把我拉到其他狗身边 | 被牵引绳牵着时会看向我 |
| 在公园里翻垃圾 | 我叫它的时候能跑过来 |
| “偷走”厨房里掉落的东西 | 能跑过来用鼻子触碰我的手 |

现在我们有了一个训练计划：

- 教它乖乖“坐着”！
- 教它“眼神交流”或“名字回应”！
- 教它“全面回应”！
- 教它“鼻触训练”！

你可能会在公园里遇到一些奇怪（非常奇怪）的训犬师，他们会说："啊，但是我在课堂上教的就是让我的狗'走开'。当我的对乙酰氨基酚片（一种非甾体抗炎解热镇痛药）掉到厨房的地板上时，我就会说'走开'，我的狗就如实照办了。"

我对这些"专家建议"的想法是：

- 我打赌他们在课堂上说"走开"的方式并不是他们在家里遇到紧急情况时吼出"走开"的方式。我敢肯定，他们的狗只是被吓得魂飞魄散。这有损于狗狗与你的关系，也会让它们对厨房产生不好的联想。
- 当我问这些训犬师，对你的狗狗来说"走开"意味着什么时，他们会回答类似于"不要碰这个"或"不要做那个"。谁能确定狗狗所理解的"这个"或"那个"和你所说的"这个"或"那个"是一样的？这个说法太模糊了。
- 既是如此，"不要碰"或"不要做"就不是一种行为，所以我们不能跟狗狗说这样的口令，也不能教它。

因此，在一个理想的世界里（与狗狗生活在一起就是一个理想的世界），要练习并强化这些互斥行为，这样狗狗就会明确知道你希望它们做什么。

## 到冰箱那去！

然而，有时候事急从权，你需要的是一张紧急救助卡。

这就是……

比方说，由于某些原因，你还没有机会完善狗狗的召回训练、鼻触训练或坐下的训练。我将为你提供一个训练，它能阻止狗狗计划的任何恶作剧，也能让狗狗远离潜在的危险，比如，有人将前门打开或狗狗在抢夺电视的遥控器。这个训练就是所谓的“到冰箱那去”。我们需要一个口令，让狗狗立即作出反应，类似于第137页的“名字回应”方式。

这个训练十分有趣！

确保你在冰箱里放了各种各样狗狗喜欢的食物：新鲜鸡肉、奶酪、法兰克福香肠等。只要狗狗开心就好。现在，你坐在客厅的沙发上，狗狗在旁边百无聊赖地闲逛、放松……几分钟后，你突然用快乐、兴奋的声音喊道“到冰箱那去！”然后立即跑向冰箱。相信我，狗狗会马上跟上来的。当你到冰箱那儿时，打开冰箱门并兴奋地将食物扔给狗狗，就像海盗寻找到宝藏一样，仿佛在说“瞧瞧，我们有钱了，有钱了！”

这种高声喧闹持续20秒后，就停下来，不说话，并回到沙发上，就像什么事也没发生过一样。

狗狗会想，我不知道刚才发生了什么，但我很喜欢！

约5分钟后，重复“到冰箱那去”的口令，带着狗狗跑到厨房，并开启你的30秒零食狂欢节活动。

每天在不同时间段做几次，很快你就会看到，当狗狗听到“到冰箱那去”的口令时，它们会放下一切奔向冰箱。不要总是在沙发上做这个动作。有时你可以在阳台宣布这个令人兴奋的消息，有时也可以把地点转移到花园。我们希望“到冰箱那去”就等同于“派对时间”。并且不管在什么地方，“到冰箱那去”都意味着有零食吃，而不仅仅是在沙发上发口令才有效。

一旦你看到这种积极条件性情绪反应（即你看到狗狗在听到“到冰箱那去”的口令时兴奋不已），你就会有应急办法，选择用积极、刺激的方式而不是以压制、威胁的方式使狗狗摆脱困境。

在我说到这里的时候，请思考一下这个问题……“不”可能是狗狗训练中最滥用的词，但它对狗狗来说可能也是最没有意义的词。

我想，这里面有一些关于人性的东西。

简单地说，可以按照以下方式做：

- 控制和管理环境，使错误不再发生。
- 大量强化你想要的行为。
- 将“走开”和“不”从你的狗狗训练词汇中剔除。

全力以赴争取胜利！

你可能不相信，但有时，狗狗可能会翻捡一些你不希望它们吃的东西，并放到嘴里！你或许刚刚在“走开”的问题中学到我们总是希望狗狗做出我们想要它们做的行为，而不是要求狗狗做出那些我们不想它们做的行为。

在这里，我将向你介绍“放下”口令的力量。和所有的训练一样，这也是一个很好的机会，让我们把“放下”这个词深深刻在脑海里。这个词……不是对我们，而是对狗狗意味着什么呢？

对你的狗狗来说，当它们听到你说“放下”时，我希望它们能有一种超级快乐的反射式情绪反应，仿佛在告诉它们：“哦耶！现在有好事要发生了！”

无论它们嘴里吃的是什么，它们都有冲动把东西从嘴里吐出来，以期待更好的东西。这听起来不错吧？

那我们就开始吧：

1. 首先，与狗狗坐在一个安静、干扰少的房间里，几分钟后打破沉默，说“放下”，数半秒钟，然后在地板上为狗狗放上一份美味的零食。在说“放下”和放置食物之间的半秒钟会让狗狗明白“放下”所预示的内容。

2. 保持沉默几秒钟，然后随机重复，或间隔5秒，或间隔1秒，或间隔10秒。我们之所以在狗狗嘴里没有东西时开始，是因为我们希望狗狗在听到“放下”时，能产生一种超级积极的情绪反应。我并不希望“放下”意味着我要把食物从你身边拿走；相反，我希望“放下”意味着你会得到一些特别棒的东西。一旦这种情绪反应被激发出来，其余的也会顺理成章。因此，在你期望狗狗听到这个词时就明白你想让它们做什么之前，你就有必要赋予这个词一个含义。如果在第一次训练中，狗狗嘴里叼着玩具，而我们在还没有教给狗狗“放下”的意思之前就一直说“放下”，那么我们与狗狗就会发生冲突、造成混乱，影响到第一天口令发挥的效果。在我们还没有教会狗狗口令的意思之前，就期望我们一发出口令就能得到狗狗恰当的回应是一件不可思议的事。这就好比你对我大喊“说希腊语！说希腊语！”我就会说：“总得先告诉我一个希腊单词，让我明白它的意思，再让我说吧。真是个怪人！”

3. 在一天中做几个3分钟的练习，让自己和狗狗处在同一空间，并给狗狗一个无聊的小物品，比如一根水管或一块小木块。坐在地板上，双手背在身后，一只手拿着无聊的物品，另一只手拿着零食。将物品绕到前面，一旦狗狗表现出任何兴趣，哪怕只是看了一眼，就说“放下”，然后将诱人的零食带到狗狗前面并放在地板上给它。当狗狗在吃零食时，将物品放回你的背后准备进行下一次练习。

4. 下一步是在向狗狗展示物品时加入一些小动作，使无聊的物品变得不那么无聊，让狗狗稍微看久一点，甚至可以让它轻轻地把这些物品放到嘴里，但是一旦它这样做时，就说“放

下”，然后握住物品不动，像以前一样拿出零食喂给它。

随着时间的推移，在训练计划中逐渐加入更多更有趣的物品，比如将水管升级为打结的毛巾。增加训练的强度、动作幅度和持续时间，并确保在说“放下”之前，不仅自己要保持静止不动，而且拿着的物品也不能动。

当你和狗狗熟练掌握“放下”的口令时，你就可以在游戏环节中引入“放下”的口令（见第115页的“游戏”），这将有助于你进一步升级游戏，如接东西。

要是想玩点花样，可以将两个相同的拔河玩具放在身后，然后拿出一个放在前面，便可以开始游戏了。当狗狗叼住你手中的玩具时，突然停住，说“放下”，然后立即以一种有趣的方式拿出另一个玩具让狗狗明白你的意思。

幸运的是，狗狗总是“这山望着那山高”，它们真的会认为“碗里的不如锅里的”，因此，要想让狗狗放弃嘴中的玩具，非常重要的一点就是你必须在发出“放下”的口令之前，通过停止所有的动作来让玩具变得无聊，让狗狗停止兴奋。这样一来，狗狗就会吐出嘴里的东西，以期待其他更好的东西降临。

根据我的经验，这是迄今为止让狗狗放弃嘴里叼的东西的最好办法。我已经在数千只狗狗身上使用过这种方法，而且这也是我在教保安犬放开坏人时的首选训练方法。相信我，这些狗狗真的很想控制住它们牙齿间咬紧的东西（咬住的坏人也是如此）。如果这对别的狗有效，对你的狗也会有效！

所以，你现在知道了让狗狗吐掉东西的最好方法。

然而，如果你还没有机会正确地教它怎么“放下”，或者你在不经意间发现狗狗在拐角处，嘴里叼着东西。请记住，你可以用“到冰箱那去”的口令来做紧急处理。

# 第十八章

## The Rucksack Walk

作为一名犬类行为学讲师，我工作中最棒的事情之一就是能够旅行。除了讲课之外，我还会在旅行中去做调查，以确保我的教学内容是准确的。我去了南非，在约翰内斯堡的皮特犬庇护所提供咨询；去了中东的巴林，传授侦查犬训练技巧；并在最近的一次澳大利亚教学旅行中，有幸在珀斯探索了牧羊犬的世界。

现在，我想和你谈谈我在秘鲁的经历……

在现代训犬课程中，很多人都强调让狗狗有选择权：选择做出正确的决定或在感到不舒适时，选择说“不”。基本上，这个方法的核心是永远不要为了让狗狗做出我们想要的行为，而对它们施加任何身体或精神压力。

然而，我经常想，如果有选择的话，狗狗会选择做什么？只要我们把狗狗放在一个密闭的房间里，或者给它套上绳子，那它的很多自然选择都会受到限制了吧？

这就要提到秘鲁了，我曾听说过秘鲁库斯科市的流浪狗的故事。

这些狗是“有主人”的，但不是以人们通常所认为的那种方式被驯养。基本上，从每天早上6点开始，这些狗的主人就会把狗从家里赶出来，然后让它们与其他同伴相聚在一起，度过一天。在这一天中，它们想做什么就做什么，在晚上10—11点，你会看到它们都各自回到了家，门打开了，狗狗就会进去睡觉，并准备好明天继续冒险。

在一次旅行中，我在库斯科机场降落后，出租车司机就问我是做什么工作的。在知道我是一名训犬师之后，他说：“你会喜

欢这个城市的，朋友。在这里所有的狗都会停下来，等着绿灯亮起才过马路。”

汽车行驶了30分钟，我们在繁忙的交通中把车停在了红绿灯前。在我们的左边，有十几只不同体形、不同大小的狗狗在耐心地等待着，红灯发出“哔哔”声，表示现在还不能过马路！

信号一变，它们就过去了，不急不躁，像一支卡通犬队一样，超级酷！

这里呈现的是动物学习行为和自然选择的完美结合，看得我目瞪口呆，甚至还没来得及打开我的包，拿出相机记录一番。

在接下来精彩的两个星期里，我手持摄像机，跟踪数百只这样的狗狗，有时是落单的，有时是成群结伴的，我想看看它们到底在做什么。以下这些事情是它们没有做过的：

- 它们很少跑步。它们总是不急不躁，仿佛有无限的时间。它们也没有为了拼命赶往任何特定地点而表现出惊慌失措的迹象。
- 它们很少吠叫。它们没有任何突然亢奋或者冲突的迹象。
- 它们从不追赶小鸟、纸袋或网球！

库斯科的中央是阿玛斯广场，这是一个由公共花园和喷泉环绕的大型步行区，是城市的中心。在一个特别好的日子里（在库斯科的高海拔地区，只要你的肺活量没有那么小，那么你就不会缺氧，所有的日子都会是好日子），会有500多人在广场上漫步，喝着咖啡或坐在草地上欣赏风景（或在喘着气）。除了这500多人之外，你还会看到150～200只狗也在附近游荡，享受着日光浴或只是闲逛。完全想做什么就做什么。

那么，在有选择的情况下，库斯科的狗狗们选择做了什么：

- 触摸：它们喜欢与人“待在一起”。我曾拍摄了一对年轻夫妇坐在路边台阶上的照片。在照片里，一只大型混血犬就趴在旁边。它没有对他们大惊小怪，只是躺在那里，用它的侧腹轻轻触碰着其中一个陌生人的腿。
- 闻嗅：它们喜欢嗅任何新的气味。不管是被丢弃的箱子、垃圾桶，还是孩子遗失的泰迪熊玩具，它们都会好好嗅一嗅。
- 好奇探索：如果有机会，它们会把新奇的物品如手提包等都翻阅一遍，就像一个新晋升的海关官员扫描行李一样。
- 吃：当然了！任何免费的东西都会被它们心怀感激地吃掉。
- 看：它们只是静静地、放松地看着这个世界匆匆而过。

这些狗狗很开心，很放松，很满足。这让我开始思考：我怎样才能为家乡的狗狗提供类似的服务呢？

到目前为止，我在这本书中写的很多内容基本上都是教狗狗如何做，不让狗狗如何做。

我不希望在你与狗狗相处的所有时间中都把重心放在狗狗的行为或者控制和管理上。如果我们想要狗狗做出我们所希望的行为，或想要保证狗狗安全和帮助狗狗摆脱困境，那这些技巧是非常有用的。但是生活中还有更重要的事情要做，是吧？这就是背包徒步的意义所在。

背包徒步是我多年前为所有年龄段的狗狗和人开发的项目，它能让你和狗狗在没有压力、不需要刻意表现且十分安全的情况下一起度过彼此陪伴的时光。如果你的狗狗喜欢和你一起出去散步，那你90%的问题都解决了。

说实话，开发背包徒步项目十分有必要。在我的工作中，我不仅要面对年幼、充满活力的狗狗，我还要面对老年狗、紧张的狗、受伤的狗、搜救狗、被救援的狗、以“工作”为生的狗、运动能力受限的狗、需要空间的狗、不善于与陌生人相处的狗以及被贴上“过度反应”“具有攻击性”或是“害羞”标签的狗。我也要面对那些时间有限、场地有限或行动不便的主人。我还要面对带着保安犬或侦查犬完成10小时紧张工作的训犬师。什么时候狗狗和人才有时间释放压力？遛狗并不是为了记录里程数，真的不是这样。

由于看到许多狗狗都需要探索世界，并与外界保持联系，这跟许多奋力争取时间的主人一样，我决定想出一个不需要高水平训练，但又能满足狗狗的类似活动。这项活动能改善狗狗与主人之间的关系，并给予狗狗精神的“释放”，使它们的生活更加充实。注意，我提到的是精神释放，而不是更常用的精神刺激。

刺激意味着兴奋，唤醒和提高身体中的神经活动水平。我看到很多狗狗都承受了很多痛苦，因为它们被调教得必须对在外界看到的一切保持高度兴奋。这种兴奋可能会使狗狗和你都陷入困境，因为它们觉得必须尽全力迅速地处理所有事情，而不是在冲出去（它们通常会把你甩在身后）之前先思考、推理或权衡各种选择。

我很喜欢和狗狗一起玩游戏，一起玩耍，这是我生活中的一大乐趣。但并不总是如此。好朋友应该是你很高兴能与之“在一起”的人。

也就是说，我希望你能够给狗狗提供它们所需的东西：召回、松绳散步、集中注意力、冒险、探索、嗅觉满足、食物、新奇感以及大量的血清素（“感觉良好”的神经递质）和催产素（亲密关系或“爱”的荷尔蒙），而不是肾上腺素的刺激。

“这是不可能的。”你哭着说。

别哭了。

接着往下看。

## 背包徒步：你将需要用到的工具

在你的背包徒步中，你将需要：

一个背包

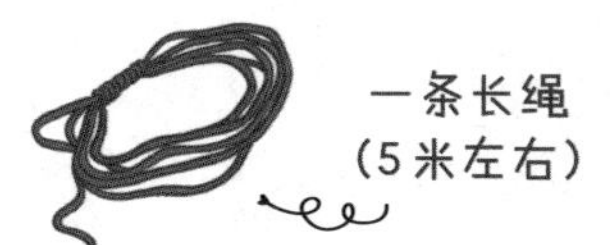

一条长绳（5米左右）

一条舒适的狗狗胸背带

一个狗狗咬胶玩具

零食袋

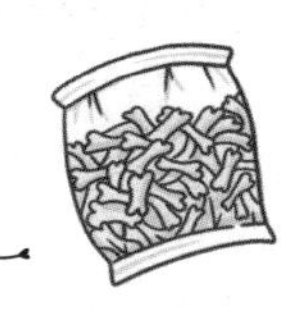

某个物品（在这里任何东西都可以，只要对狗狗来说是安全的，例如：卷发梳、书本、扁梳……）

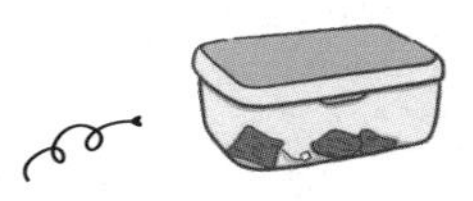

一个塑料盒子，里面装着新奇的气味（同样，任何东西都可以，如茶包、旧袜子等，只要狗狗闻了之后不会有危险即可）

另一个塑料盒子，里面装着新奇的食物（从冰箱里拿一些安全的、狗狗从未吃过的食物）

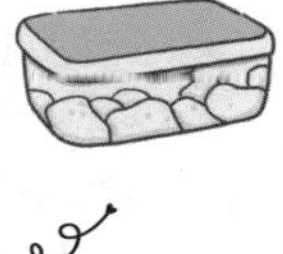

15 分钟。如果你不能空出 15 分钟，那么……但我相信，你可以！

## 背包徒步规则

我最初并不希望在背包徒步中制定任何规则，因为顾名思义，我希望它能尽可能地放松。但是，有可能就会出现无序的状态。考虑到这一点，我列出了以下规则：

规则1：不要仅仅把它看作是一个训练，而把它看作是加强你与狗狗之间关系的好机会。

规则2：说每句话的时候都要轻柔。

规则3：把从背包里拿出来的任何东西都视作珍宝，都要小心翼翼。

所以，现在就让我们开始你和狗狗的第一次背包徒步吧！

载着狗狗驱车前往你选定的地点，最好是一个安静且距离不远的地方。带上你的零食袋并将长绳系在狗狗的胸背带上。把狗狗从车上抱下来，并确保你与狗狗之间所有的互动都是放松和安静的。我们在这里使用长绳是为了安全，我们希望让一切处于放松和安静的状态，以最大限度地降低狗狗的兴奋度。在你和狗狗养成户外散步的习惯之前，需要多演习几次，但是一旦你做到了，这将是一个真正的高光时刻。

我看到很多主人在遛狗时，说的都是“准备好、预备、迈开前腿，出发！”然后带着狗狗在街区里飞奔，因为他们既想赶时间又想遛够一定距离……

不要这样做！

这类散步会让狗狗变得过于兴奋，以至于狗狗习惯于在散步突然结束之前尽可能多地抓住信息。这时我们会看到狗狗急切地拉扯着要去嗅所有的气味，不顾一切地收集尽可能多的信息。

这可不好玩。

这会给狗狗很多压力。

想象一下，你和你的同事走进一家餐厅，比如一家豪华的旋转寿司餐厅，在你们聊天时，食物从传送带上慢慢旋转到餐桌前。这时你已经饥肠辘辘了，但传送带转得太快了。你会拼命地抓住经过你身边的食物，你根本就没有耐心来细看菜单，也根本无心与同事交谈。这时说任何话都是一种浪费。

狗狗在街区里“快速前进”，就相当于加速的寿司传送带。

不要这样做。

放慢速度。

## 第一步

漫步到你定的位置。这里我所说的“漫步”是指慢慢地、轻松地走到一个地点（可能只有5分钟的路程）。不要急于求成。跟随狗狗的脚步；如果它们想走到一个地方去嗅一嗅或撒尿，没问题。只要长绳保持松弛，就跟它们一起走。重要的是，它们需要去熟悉环境。如果长绳变紧或狗狗开始跑动，你只需要放慢速度停下来。我们不希望在我们的背包徒步中有任何紧迫感或压力感。当绳子恢复松弛时，继续漫步。

这是给控制狂的一些临时加训！

如果在你漫步的时候，狗狗朝你看了一眼，你就说“真棒”，然后慢慢地向狗狗所在的那一侧扔出一份零食。

想象一下，狗狗在你的左边嗅着气味，它走到了3米远的地方，但是只要长绳是松弛的，你就耐心等待着。如果它们碰巧看向你，你就说“真棒”，以标记这一行为，并向你的右边扔出一份零食。狗狗就会绕过你去拿零食。

这种方法的好处在于：

- 你通过零食强化了狗狗看向你的行为。
- 而附带结果是，即使你在狗狗去拿食物的路上召回它们，它们也感觉良好。
- 你不是在与环境竞争，因为狗狗得到了食物，它们也能在你身旁的另一侧探索新区域。

这真是一举三得！

如果它们没有看向你，也不要担心。它们只是想告诉你，它们需要进一步熟悉一下周遭的环境。明天又是新的一天。它们在这个环境中感觉越舒适，就会越容易跟你产生互动。时刻准备好标记和强化它们看向你的行为，并在它们做出此行为时给予奖励。

当你到达指定地点时，你可以按照我们在“召回”那一章中讨论的那样做一些召回循环训练。

这里是你在背包徒步中唯一被允许大声说话而不是小声低语的地方。自此之后，都需要你温柔地小声低语，所以不要对这次大声说话习以为常。保持你之前召回训练中的三角形布局，做到小而精，且三角形的边长小于牵引长绳的长度，以确保你在任何时候都能与狗狗保持联系。

我希望你能坚持进行召回训练，因为这个三角形布局会确保你一次又一次地走过同一区域。对地形的熟悉将确保狗狗不会被地上新奇的味道所吸引，也不会对训练造成干扰。

一旦训练结束了，坐下来，你和狗狗都可以放松一下！

难道你不喜欢和你的狗狗一起坐在外面的地上吗？（如果你还没有这样做，那么这就是你生活中需要背包徒步的另一个原因）

当我教授团体课程时，我会要求主人们全部跟狗狗一起在草地上坐下来并放松身心，这时他们脸上往往会浮现出微笑，而这是我乐于见到的。我确信这会让我们想起幼儿园的时光。在每个星期五的下午，老师会说：“这个星期你们都表现得很好，让我们坐在外面听故事吧。”

室外？这真是太让人兴奋了！

所以，和狗狗一起坐下来放松一下，因为你们刚做了一个很好的召回循环训练，可以准备休息一下喘口气了。

现在我们要介绍一下我们在塑料盒里装的特殊气味了。

记住，从背包里拿出任何东西时都要小心翼翼。动作要慢，要葆有好奇心。把自己当成最好的儿童魔术师，从背包里拿出最好的魔术戏法。

当你开始慢慢地拉开袋子的拉链时，小声地对自己和狗狗说：“哦，天哪，这是什么？” 注意，说这句话的口气不要像平常一样。

把这个当成商场里的好东西。“哦……我的天啊……这是什么……”花10秒钟的时间，用一种颇有悬念的口吻缓慢说出来。

慢慢地把盒子从背包里拿出来，把它轻轻放在手里，就像对待一只脆弱的婴儿一样。我倒要看看有哪一只狗狗不会把它们的鼻子伸进去说：“兄弟，这是什么？”

享受并延长这段交流。

这是一个很好的机会，可以让你加强与狗狗之间的联系。从秘鲁的案例中，我们了解到，狗狗喜欢和你在一起，喜欢研究气味。现在可以利用这个机会来分享彼此。因此，你可以慢慢地、小心翼翼地故意打开盒子的最边缘部分，让狗狗嗅一嗅，然后再一次关上盒子。把盒子举高，再放下来，让狗狗再闻闻。你需要一直拿着这个盒子，用来与狗狗一起研究这个盒子里到底是什么东西。

几分钟的时间就足够了。狗狗已经感受到了气味，不需要给它们实际的东西，这时你可以慢慢地关上盒子，拉开背包的拉链，把珍贵的宝物放回背包，然后关上背包。

但这是什么，主人又在拉开背包的拉链，哦我的天，我的天，不会是真的吧……接下来是什么?

正如先前所承诺的……是“那个东西”！

再一次，你的动作要慢，要保持悬念。仿佛拿出一件易碎的宝贝，或是一枚易爆的炸弹，无论如何都要轻轻地，轻轻地拿出并记住：动作要像窃窃私语一样轻。

举个例子，你从背包里拿出一把梳子。

就像秘鲁的狗狗喜欢研究新奇的物品；你的狗狗也一样。

一开始，你要把它藏在手里，然后用手指慢慢划过梳子齿，让它发出奇怪的声音。也许你可以把它放在你的嘴边，轻轻地吹气，会发出什么声音呢？让狗狗闻一闻，摸一摸，慢慢地探索梳子，一点一点地探索，然后小心翼翼（像放未爆炸的炸弹一样的感觉）放回背包。

轮到重量级嘉宾出场了。

现在，拿出新奇的食物盒。这对狗狗来说是一件大事，所以你也要投入进来。既然上面的方法已经可以让你们度过了有趣的2分钟，那为什么还要在2秒钟内将食物喂给狗狗？

怎样做才会更有价值？

什么能加强你们彼此的关系？

当食物被吃完后，慢慢地，轻轻地把盒子放回背包里。然后从背包的其他地方拿出咬胶玩具。

在狗狗啃咬时顺着毛摸摸它们，这样可以让狗狗的大脑释放出所有令其愉悦的化学物质，如血清素、多巴胺和催产素。与触摸相结合，你可以创造出你与狗狗之间真正的爱，并减轻双方的压力！

当你完成后——记住过程中不要着急——把咬胶玩具放回背包里，拿起长绳，并准备好回到你的车上。我希望你沿着来时的路线慢慢走回车上。这样你们就不会接触新的气味，也不会分散狗狗的注意力。

如果狗狗在返回的路途中看向你，你就说“真棒”，但不要把食物扔到远离狗狗的一侧让它去捡，而是边并排走边奖励它。

因为你们走的是同样的路，而且你们刚刚在彼此的陪伴下一起度过了美好的15分钟，所以狗狗不需要像初来乍到时那样急于探索和调查周边的环境。通过强化你身边狗狗的行为，你猜怎么着？你在同时训练松绳散步！

当你回到车上时，将狗狗安全地固定在车上，然后回家吧，因为你们已经拥有了一次高质量的体验，这将为你与狗狗之间建立终身亲密的关系打下基础。

这15分钟花得真值！

## 重要注意事项

- 这只需要15分钟而已。
- 请勿在过程中使用手机！
- 也许可以用背包徒步代替狗狗每天的正常步行。一个星期后，看看你们俩的感觉如何。（我猜应该会比平时更加放松）
- 背包徒步非常适合避开其他狗狗！
- 适合长期待在狭小空间里的狗狗。
- 适合胆小的狗狗。
- 适合让过度兴奋的狗狗冷静下来。

- 适合在度过紧张的一天之后释放压力。
- 尽情享受吧!

在秘鲁，我会跟狗狗们一起看日落，思索着为何它们有这么好的机会，每天都能为自己的生活做选择。其中有一只大型雌性獒犬，静静地坐在那里看着一株飘浮的蒲公英，看了整整5分钟，我想它是多么幸运，能生活在当下。然后我意识到我自己也因此观察了它整整5分钟……

对于任何生物来说，包括我们在内，能有这样自由选择的机会是一份真正的馈赠。

现在就给自己和狗狗来一次“背包徒步”吧!

第十九章

# 狗狗学校、团体课程和兽医

# Puppy Schools, Group Classes and Vets

现在你了解了我的背景故事，你知道我小时候有多爱训狗课程了吧；现在，这个古怪的狗娃仍保持着儿时的热情。然而，我对于训狗课程的好处与坏处也有了更深的了解。所以这里我提供一些技巧，以指导你拨开训狗课程的迷雾。

我当初在训狗课程中想学的东西就是我现在教给你和狗狗的东西。一个好的狗狗训练班和训犬师好处多多：你和狗狗将会结识新朋友，也会有一位值得信赖的专业人士，在狗狗的所有发展阶段都手把手教你，并为你量身订制狗狗一生所需的训练。狗狗也会在一个安全稳定的环境中交到朋友。最终，狗狗将意识到狗是很酷的，人是很酷的，而主人则超级酷！

而一个糟糕的训狗课程却可能会对狗狗造成很大的伤害。不能仅仅因为一些人自称是专业训犬师，就以为他们是好的训犬师。请记住，有时候专业不一定意味着德行高尚！

向四周的人多打听一下，听听别人的推荐，如果你感觉不太对，那么就换个课程，这是一个买方市场，正确选择非常重要。当你第一次与训犬师接触时，不要害怕向他们提问！当我教课时，我喜欢了解主人们对于狗狗的需求。如果所有主人都表现出这样的决心，并从一开始就对训犬师提出高标准，那么训犬服务的质量就会得到提高。

以下是狗狗训练班必须提供的事项清单：

- 经验丰富、态度友好且资质合格的训犬师。这里的资质指的是有公认机构认可的资质，例如，现代训犬师协会——我的组织会对训犬师进行严格的评估，以确保质量。
- 足够的空间，以便所有班级展开训练。如果需要的话，寻找更多空间。每位训犬师同时训练的狗狗最好不要超过8只。
- 有充分的机会询问关于自己狗狗的问题。
- 如果有需要的话，能在课外联系你的训犬师。
- 富有建设性的、无压力的训练。训犬师必须让你知道每项训练和技巧的好处。如果你体会不到训练的好处，就不会全身心投入其中。
- 彻底拒绝任何苛刻的、带有惩罚的或令人厌恶的方法。
- 为你提供一个强化的替代行为，以替代任何你不想要的行为。
- 训练要有乐趣！如果你不想与狗狗一起去上课，那就换一个班。神经科学告诉我们，如果你和狗狗玩得开心，你们学习的效果会更好。
- 训练时只使用舒适、无害的设备。不使用锁链、滑绳、夹钳项圈，没有例外！
- 学习。你和狗狗应该每周都能学到一些新东西。

我不是一个喜欢纠结于负面因素的人，但是训犬师可能是一群奇怪的人（当然我现在的同事除外）。正如我之前所说，他们有时会闭目塞听，认为自己才是最权威的。

小时候，我目睹了一位训犬师在训犬班上对主人说：“如果你不能自我倾听，又怎么能指望狗狗听你的话呢？”即使我当时是一个孩子，我也知道这不是激励主人在课堂上为狗狗尽心尽力的方法。如果这就是他们教学技能的局限，那狗狗们还有什么希望可言呢？那天晚上我决定，我长大后一定要成为一名训犬师。

除了标准的狗狗课程外，你可能还看到过“狗狗派对”的广告。狗狗派对通常是在兽医诊所举办的，针对的是尚未接种全部疫苗的狗狗。再说一遍，狗狗派对可能很好，也可能很糟糕。

在兽医和护士讨论如何为狗狗清洁耳朵和刷牙时，狗狗派对不应该成为狗狗在没有牵引绳的情况下跑来跑去，互相撞来撞去的借口。在那里的6只狗狗中，有3只可能玩得很开心，2只可能认为其他狗太可怕，要跑到椅子下躲起来，还有1只可能学到了想让其他狗狗退后的唯一方法就是咬它们。

松绳互动如果做得好的话，也可以是有趣和有益的。

与其说让所有狗狗都参加，还不如说同时取下两只合拍的狗狗的绳子：当这两只狗狗互动时，训犬师应该向每个人讲解他观察到的肢体语言（在阅读了“肢体语言”之后，你现在已经是这方面的专家了）。

训犬师还应该鼓励每位主人定期介入，以确保狗狗之间的交流不过于亢奋。训练游戏应该保持友好的基调并能为参与双方留下美好的回忆。

建议找一个教你与狗狗合作而不是对抗的训犬师。找一家训犬学校，能让你完全可以按照自己喜欢的方式来训练狗狗。

# 再见，还有祝你好运

是时候说一声再见，踏上我们各自的旅途了。

你和狗狗之间将会有无穷的乐趣，并为彼此留下终生的记忆。这真是个令人兴奋的时代，而且说实话，我有点羡慕！照顾好你的狗狗吧，记住并没有什么所谓“失败”的训练课程，那些只不过是为了更好地计划与改进下一次课程。时刻为成功做好准备，以可实现的标准为目标，并利用你平时的时间寻找狗狗身上你乐于见到的行为。然后像训犬高手一样强化这些行为。

记住训练狗狗是一个过程，不能一蹴而就。

培养一只乐观的狗狗，并享受你的训犬之旅吧！

祝你好运。

史蒂夫·曼恩